普通高等教育航空航天类专业"十三五"规划教材

振动测试、光测与电测技术 实验指导书

（第2版）

张改慧 李慧敏 谢石林 编著

西安交通大学出版社

XI'AN JIAOTONG UNIVERSITY PRESS

内 容 提 要

　　本书分别介绍了振动测试技术、光测技术和电测技术的相关知识与实验技术和方法。全书共三部分：第一部分阐述有关振动测量的基本概念、振动测量传感器的种类及其工作原理和使用方法、激振器技术，给出了振动系统频率响应函数测量及机械结构特性参数测量的多种激励与识别方法等实验；第二部分介绍了光弹性法的基本原理、分类及适用范围，光弹仪的种类、构造、工作原理与使用方法，现代光测技术常用方法的分类及特点，给出了平面、三维、贴片光弹等实验；第三部分介绍了电阻应变片的基本构造、工作原理、种类及其性能指标，电阻应变仪的种类及工作原理，电阻应变片灵敏度的测定，结构在弯扭组合载荷下主应力和内力测定等实验。

　　本书可为力学、航天航空、机械、能动等专业本科生和研究生多门课程提供实验指导，亦可作为本科生、研究生论文实验和从事振动及强度测试工程技术人员的参考书。

图书在版编目(CIP)数据

　　振动测试、光测与电测技术实验指导书/张改慧，李慧敏，
谢石林编著. —2版. —西安：西安交通大学出版社，2017.2
　　ISBN 978-7-5605-9420-0

　　Ⅰ．①振… Ⅱ．①张…②李…③谢… Ⅲ．①振动测量-实验-高等学校-教学参考资料②光测法-实验-高等学校-教学参考资料③电测法-实验-高等学校-教学参考资料Ⅳ．①TB936-33②0348.1-33③TM93-33

　　中国版本图书馆 CIP 数据核字(2017)第 027460 号

书　　名	振动测试、光测与电测技术实验指导书(第2版)	
编　　著	张改慧　李慧敏　谢石林	
责任编辑	毛　帆	
出版发行	西安交通大学出版社	
	(西安市兴庆南路10号　邮政编码710049)	
网　　址	http://www.xjtupress.com	
电　　话	(029)82668357　82667874(发行中心)	
	(029)82668315(总编办)	
传　　真	(029)82668280	
印　　刷	虎彩印艺股份有限公司	
开　　本	727mm×960mm　1/16　　印张 12.75　　字数 228千字	
版次印次	2017年6月第1版　　2017年6月第1次印刷	
书　　号	ISBN 978-7-5605-9420-0	
定　　价	30.00元	

　　读者购书、书店添货、如发现印装质量问题，请与本社发行中心联系、调换。
　　订购热线：(029)82665248　(029)82665249
　　投稿热线：(029)82669097　QQ：354528639
　　读者信箱：lg_book@163.om

编审委员会

Preface 序

教育部《关于全面提高高等教育质量的若干意见》(教高〔2012〕4 号)第八条"强化实践育人环节"指出,要制定加强高校实践育人工作的办法。《意见》要求:高校分类制订实践教学标准;增加实践教学比重,确保各类专业实践教学必要的学分(学时);组织编写一批优秀实验教材;重点建设一批国家级实验教学示范中心、国家大学生校外实践教育基地……这一被我们习惯称之为"质量 30 条"的文件,"实践育人"被专门列了一条,意义深远。

目前,我国正处在努力建设人才资源强国的关键时期,高等学校更需具备战略性眼光,从造就强国之才的长远观点出发,重新审视实验教学的定位。事实上,经精心设计的实验教学更适合承担起培养多学科综合素质人才的重任,为培养复合型创新人才服务。

早在 1995 年,西安交通大学就率先提出创建基础教学实验中心的构想,通过实验中心的建立和完善,将基本知识、基本技能、实验能力训练融为一炉,实现教师资源、设备资源和管理人员一体化管理,突破以课程或专业设置实验室的传统管理模式,向根据学科群组建基础实验和跨学科专业基础实验大平台的模式转变。以此为起点,学校以高素质创新人才培养为核心,相继建成 8 个国家级、6 个省级实验教学示范中心和 16 个校级实验教学中心,形成了重点学科有布局的国家、省、校三级实验教学中心体系。2012 年 7 月,学校从"985 工程"三期重点建设经费中专门划拨经费资助立项系列实验教材,并纳入到"西安交通大学本科'十二五'规划教材"系列,反映了学校对实验教学的重视。从教材的立项到建设,教师们热情相当高,经过近一年的努力,这批教材已见端倪。

我很高兴地看到这次立项教材有几个优点：一是覆盖面较宽，能确实解决实验教学中的一些问题，系列实验教材涉及全校 12 个学院和一批重要的课程；二是质量有保证，90％的教材都是在多年使用的讲义的基础上编写而成的，教材的作者大多是具有丰富教学经验的一线教师，新教材贴近教学实际；三是按西安交大《2010版本科培养方案》编写，紧密结合学校当前教学方案，符合西安交大人才培养规格和学科特色。

最后，我要向这些作者表示感谢，对他们的奉献表示敬意，并期望这些书能受到学生欢迎，同时希望作者不断改版，形成精品，为中国的高等教育做出贡献。

西安交通大学教授
国家级教学名师

2013 年 6 月 1 日

Foreword 前言

实验力学是力学研究领域一个重要组成部分。"振动测试技术"、"光测技术"、"电测技术"及"试验模态分析"是实验力学的主要课程，也是工程力学专业本科生的主要专业基础课程。早在 20 世纪 70 年代，西安交通大学工程力学系就开设了振动测试技术、光测技术和电测技术课程，并于 1982 年出版了《机械振动与冲击测试技术》教材。经过多年的教学与实践，结合学校对实验教学的要求和学生综合素质、能力的培养及工程技术的需求，编写了这本《振动测试、光测与电测技术实验指导书》。全书分为三个部分："振动测试技术"部分介绍了用不同传感器测量各种振动过程位移、速度、加速度和力的振动幅值及频率方法，用经典及现代实验技术和方法测量结构频率响应函数和固有特性参数，传感器及测量系统标定技术等；"光测技术"部分主要包括光弹性材料条纹值和应力集中系数测定、实验平面光弹性实验、三维光弹性实验、贴片光弹法实验、全息照相实验、全息干涉二次曝光法测定悬臂梁挠度实验等；"电测技术"部分主要实验内容包括电阻应变片的粘贴技术、电阻应变片灵敏系数的测定、电阻应变片横向效应系数的测定、电阻应变片在电桥中的接法以及动态应变的测量等。学生通过教学实践操作，可以进一步理解和巩固课堂讲授的基本知识和实验方法的基本原理，掌握有关仪器设备的选择、使用方法和实验技术细节，并具备一定的实验技能，为独立解决工程实际中的振动及应力、应变测量、新产品设计、故障诊断等问题打下坚实的基础。

本书是一本以介绍振动测试、光测及电测实验方法为主的书籍，是配合实验力学主干课程教学内容和实验要求编写的实验指导书。全书有振动测试实验 15 个、光测实验 15 个、电测实验 8 个。实验类型有基础性、综合型、设计性和创新性 4 个层次，可为力学、航天航空、机械、能动等专业本科生、研究生多门课程提供实验指导。本书除了供教学使用之外,亦可作为本科生、研究生论文实验和从事振动及强度测试的工程技术人员参考用书。

本书是由西安交通大学工程力学系张改慧、李慧敏和谢石林共同编写而成的。在编写过程中参考了由李方泽、曹树谦、李德葆、胡时岳、倪振华、张如一等老师主编的书籍和江苏东华及丹麦 B&K 公司的技术资料和网上相关资料。限于作者水平,书中可能存在不足之处,请读者予以批评、指正。

Contents 目录

第一部分

振动测试技术

第一章　振动测量概述

振动测试技术是一门集振动理论、机械、电子线路、数据处理等为一体的多科性学科,已成为解决大型、精密及复杂工程振动问题的主要手段。作为动力学的一个分支,振动测试技术是以振动理论为基础,用实验手段分析和解决工程振动问题,其工程应用领域非常宽阔。

第一节　振动测试方法及分类

振动测量方法按物理过程可分为机械法、光测法和电测法三类。

一、机械法

机械法是利用杠杆传动或惯性接收原理记录振动信号的一种方法,此法常用的仪器有直接式(手持式)振动仪和盖格尔振动仪。这类仪器能直接记录振动波形曲线,便于观察和分析振动的幅值大小、基波频率及主要的谐波分量频率等参数。它们具有使用简单、携带方便、不需要消耗动力、抗干扰能力强等优点,但由于其灵敏度低、频率范围窄等缺点,这类仪器在工程中使用得愈来愈少。

二、光测法

光测法是将机械振动转换为光信号,经光学系统放大后进行记录和测量的方法。常用的仪器有读数显微镜、激光单点测振仪、激光多普勒扫描测振仪等。激光测量方法具有精度高、灵敏度高、非接触、远距离和全场测量等优点,已成为特殊环境及远距离测量中很有发展前途的一种方法。

三、电测法

电测法是通过传感器将机械振动量(位移、速度、加速度、力)转换为电量(电荷、电压等)或电参数(电阻、电容、电感等)的变化,然后使用电量测量和分析设备对振动信号进行分析。电测法是目前应用最广泛的方法,与机械法和光测法相比,它具有以下明显优点:

(1)具有较高的灵敏度、较宽的频率范围和较大的动态范围,不仅能满足一般稳态振动过程的测量,也能适应持续时间极短的冲击过程测量。

(2)传感器类型很多,可满足不同测试环境、不同振级大小、不同测试结构的振动测量需求。

(3)易于实现多点同时测量和远距离遥控测量,电测信号易于检测、记录、保存和进一步分析处理。

随着微机械加工技术、电子技术和数字技术的发展,传感器的品种越来越多,功能更强的测试仪器和动态信号处理设备不断涌现,振动电测技术无论在环境振动测量、结构动力特性试验方面,还是在机械故障诊断和振动控制等方面,都得到广泛的应用和发展。

第二节 传感器与测量系统的主要特性参数

传感器与测量系统的技术指标是它们技术性能的表征,也是选择测量系统的主要依据。精确确定这些指标,对保证测量结果的精度及可靠性非常关键。传感器与测量系统的主要技术指标如下所述。

一、灵敏度

灵敏度是指传感器或测量系统的输出信号(可以是机械的、光的或电的信号量)与输入信号(被测信号的位移、速度、加速度或力)的比值,灵敏度是选择测量系统的重要依据,测量系统灵敏度越高,分辨率也就越高,但可测振级范围越小。选择测量系统灵敏度时,应根据现场振动量级进行选取,同时还要考虑该灵敏度下的信噪比。

二、横向灵敏度

传感器的横向灵敏度表示它对垂直于测量主轴方向运动的敏感程度。当有单位横向运动输入时,传感器输出信号的大小就代表其横向灵敏度。一般情况下,横向灵敏度用单位横向运动输入时传感器输出信号值与传感器主轴方向灵敏度值之比的百分数来表示。

三、动态范围(线性范围)

动态范围是指传感器或测量系统的灵敏度随输入信号幅值的变化量不超出某一给定误差限的最小输入和最大输入之间的幅值变化范围(如图 1-1 所示),或者指传感器和测量系统的输出信号与输入信号维持线性关系的输入信号幅值允许变化范围(如图1-2所示)。动态范围越大,说明测量系统对幅值变化的适应能力越强。传感器动态范围的大小受其结构形状、材料性能及非线性行为等因素限制,因此,在选用传感器进行测量时,必须满足传感器自身动态范围要求,否则会造成传感器的损坏,或测量结果出现严重畸变,从而达不到测量要求。

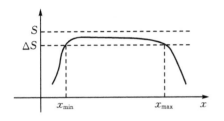

图1-1 测量系统的动态范围定义一

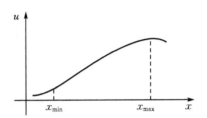

图1-2 测量系统的动态范围定义二

四、频率特性范围

频率特性范围是指传感器或测量系统的灵敏度随频率的变化量不超出某一给定误差限的频率范围(如图1-3所示)。频率范围的两端为频率下限和频率上限。如果传感器或测量系统的下限频率可以扩展到零,则称该测量系统具有零频率响应或静态响应。这种系统可以用来测量静位移、常力或慢变的冲击过程。

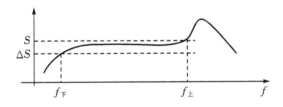

图1-3 传感器与测量系统的频率特性

测量系统的频率范围不仅取决于机械接收部分的频率特性,同时还取决于机电变换部分和测量电路的频率特性。此外,传感器的安装条件也影响频率上限。频率范围是测量系统的重要特性参数。在选择测量系统时,首先要考虑频率范围,若测量的振动信号频率超出测量系统的使用频率范围,测量结果将产生重大误差,造成频率失真。

五、相位特性

相位差是指在简谐机械量输入时,传感器或测量系统的同频率输出信号与输入信号之间的相位角之差。在振动测量中,为了使测量的波形不产生畸变,要求传感器或测量系统在测量信号的频率范围内，其输出信号与输入信号之间同相或反相，或者相位差随频率变化成线性关系。

六、附加质量与附加刚度

在进行振动测量时，传感器类型不同，其与被测物体的连接方式也不同。惯性式传感器通常是直接安装在被测物体上，当测试对象的质量和刚度相对较小时，传感器会对测试对象产生附加质量和附加刚度的影响，这些影响将会改变测试对象原有的振动状态和动力特性。为了避免传感器对测试对象产生影响，一般要求被测物体的质量要远远大于传感器的质量。在测量轻薄型或超小型结构振动时，宜选用超小型传感器或非接触型传感器。

七、环境条件

振动环境是千变万化的，每一种传感器都有它适用的环境条件。环境条件包括温度、湿度、电磁场、辐射场、声场和噪声等。在选用传感器时，要充分考虑这些因素。

第三节　振动测量的基本内容

振动测试技术研究的是如何用现场测量或模拟环境试验来观察、研究机械动力系统的振动特性，分析振动产生的原因以及承受振动和冲击的能力等。其基本内容如下所述。

一、测量机器或结构在工作状态下的振动

如振动位移、速度、加速度的大小以及振动频率、周期、相位角、频谱图等，以掌握被测对象的运行状态，并对结构或机器进行状态监测、故障诊断、环境控制和等级评定等。

二、结构的动力特性试验研究

描述结构振动特性参数包括固有频率、阻尼比、振型、广义质量、广义刚度及静动平衡量等。通过现场振动测量或对机械设备及结构施加某种激励，测量其受迫振动，对实验数据进行分析和处理可获得被测对象的特性参数。

三、机械结构的振动和冲击强度试验

在工程实际中,有些机械结构、仪器仪表、部件等往往要在振动和冲击环境中使用,它们在出厂前必须对其在满足实际使用环境所规定的振动和冲击条件下进行振动和冲击试验,以检验产品的耐振寿命、性能稳定性、设计合理性等。这些研究在航空航天、航海、运输及电子部门等有着特别重要的意义。目前试验方法主要有:单频正弦振动试验及共振试验,正弦扫频振动试验,宽带随机和窄带随机试验,宽带随机叠加正弦扫频试验,冲击试验等。

第四节　机械振动测量传感器

传感器是电测法的核心。在振动测量中,常常需要传感器把待测的机械振动量(位移、速度、加速度、力)的变化转换为电量(电荷、电压等)或电参数(电阻、电容、电感等)的变化,因此传感器也被称为机电转换装置。目前,传感器的种类很多,应用范围非常广泛,下面简单介绍几种常用振动测量传感器的工作原理与使用。

一、惯性式传感器

惯性式传感器是利用质量弹簧系统的强迫振动特性来进行振动测量的。图1-4是这类传感器的结构原理图。这些传感器在使用时,其外壳与被测物体连接在一起,惯性接收是通过传感器内部由质量、弹簧和阻尼器构成的单自由度振动系统接收被测振动。由于惯性式传感器测量的是相对于惯性坐标系的绝对振动,故也称之为绝对式振动传感器。

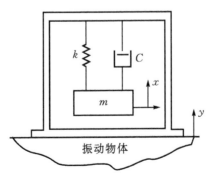

图1-4　惯性式传感器结构原理图

在进行振动测试时，传感器外壳跟随振动物体一起振动，其内部质量与外壳之间产生相对运动。设振动物体的位移为 $y = y(t)$，质量块与外壳相对位移为 $x(t)$，则质量块的绝对位移为 $x(t) + y(t)$，于是质量块的运动方程为

$$m(\ddot{x} + \ddot{y}) + c\dot{x} + kx = 0$$

将上式整理得

$$m\ddot{x} + c\dot{x} + kx = -m\ddot{y} \tag{1-1}$$

假设振动物体作简谐振动 $y = y_m \sin\omega t$，在此正弦运动的作用下，x 的解由两部分组成：一部分是齐次方程的解，表示传感器质量、弹簧系统的自由振动，由于系统阻尼的存在，自由振动部分将随时间衰减掉；另一部分是特解，代表强迫振动，也就是被测物体的振动所引起的传感器的响应，这一响应为

$$x = x_m \sin(\omega t - \theta)$$

将 x 和 y 代入方程(1-1)得

$$\frac{x_m}{y_m} = \frac{(\omega/\omega_0)^2}{\sqrt{(1 - \omega^2/\omega_0^2)^2 + (2\zeta\omega/\omega_0)^2}} \tag{1-2}$$

$$\theta = \arctan \frac{2\zeta(\omega/\omega_0)}{1 - (\omega/\omega_0)^2} \tag{1-3}$$

在式(1-2)和式(1-3)中，ω_0 为传感器的固有角频率，ζ 为相对阻尼比系数，且 $\omega_0 = 2\pi f_0 = \sqrt{\dfrac{k}{m}}$，$\zeta = \dfrac{c}{2\sqrt{km}}$，$f_0$ 为传感器的固有频率。

式(1-2)和式(1-3)分别代表惯性式传感器的幅频特性和相频特性。若适当选取传感器的结构参数，所测结果将分别反映振动信号的位移、速度和加速度。下面由式(1-2)讨论惯性式传感器构成位移计和加速度计的条件。

(1)当 $\omega \gg \omega_0$，即被测频率远高于传感器固有频率时，$x_m/y_m \approx 1$，表明质量块和壳体的相对运动(输出)和基础的振动(输入)近似相等，质量块在惯性坐标中几乎处于静止状态。因此，这时惯性式传感器可作为位移计使用，其质量块相对于外壳的位移等于被测点振动物体的位移。图 1-5 和图 1-6 分别给出了不同阻尼下的位移幅频特性曲线和相频特性曲线。

由图 1-5 可知，当 $\omega > \omega_0$ 时，惯性式位移计的幅频特性曲线逐渐进入一平坦区，并随着频率的增加而趋于 1，这一平坦区域就是惯性式位移计的使用频率范围。因此，在使用位移计惯性式传感器时，测量频率要大于传感器的固有频率。为了扩展使用频率下限，这种传感器一般引进 0.6~0.7 的阻尼比值，这样可使幅频特性曲线在 $\omega = \omega_0$ 之后，很快进入平坦区。其使用频率上限理论上是无限制的，但实际上由于传感器安装刚度及内部元件本身局部共振的影响，频率上限也是有限的。

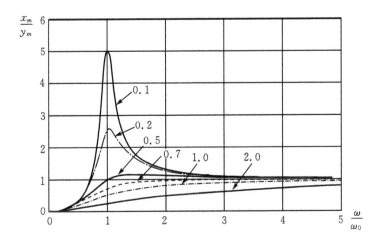

图 1-5 惯性式位移计的幅频特性曲线

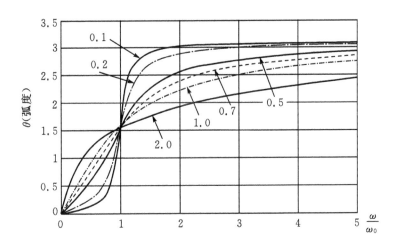

图 1-6 惯性式位移计的相频特性曲线

由图 1-6 可知,引进阻尼虽然改善了幅频特性曲线在 $\omega = \omega_0$ 区域的平坦度,但却使相移大大增加。当 $\omega > \omega_0$ 时,阻尼越大,偏离 180°的角差也越大。尽管如此,位移计惯性式传感器毫无例外地引进 0.6~0.7 的最佳阻尼比值,除了改善幅频特性曲线低频特性外,还可使传感器的相频特性在工作频率范围内基本保持比例相移,并有助于迅速衰减意外瞬态扰动所引起的瞬态振动。

(2)当 $\omega \ll \omega_0$,即被测频率远低于传感器固有频率时,有

$$x_m \approx \frac{1}{\omega_0^2}(\omega^2 y_m) \qquad (1-4)$$

上式表明，当传感器固有频率很高，且远远高于测量频率时，传感器质量块相对于外壳的位移正比于被测加速度 $\omega^2 y_m$。因此，惯性式加速度计是一种高固有频率传感器。图 1-7 给出了惯性式加速度计在不同阻尼下的幅频特性曲线。

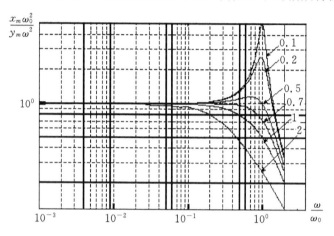

图 1-7　惯性式加速度计的幅频特性曲线

由图 1-7 可知，当频率等于零时，有 $\frac{x_m \omega_0^2}{y_m \omega^2} = 1$，说明惯性式加速度计具有零频率响应的特点，而其使用频率上限除了受固有频率 ω_0 限制外，还与引进的阻尼比值有关。

为了扩展使用频率上限，有些传感器引进了 0.6～0.7 的阻尼比，这样可使幅频曲线在 $\omega < \omega_0$ 的很宽范围内都比较平坦。同时，频率上限还与幅值允许误差范围有关，所允许的误差范围大则其频率范围就宽。例如，压电式惯性加速度计在保证幅值误差低于 1 dB（即 12％）时，其上限频率为共振频率的 1/3；在保证幅值误差小于 0.5 dB（即 6％）时，其上限频率为共振频率的 1/5。另外，共振频率与加速度计的安装有关，加速度计出厂时给出的幅频曲线是在刚性连接的情况下得到的，而实际使用时的固定方法往往难于达到刚性连接，因而共振频率和使用上限频率都会有所下降。

二、电动式速度传感器

电动式速度传感器主要由永久磁铁、磁路和运动线圈构成。磁路内留有一个环形空气间隙，运动线圈由弹簧支撑，并处在空气间隙内。运动线圈通常绕在空心的圆柱状非磁性材料骨架上。当测量振动时,线圈运动并切割空气间隙内的磁力线,在线圈两端就产生感应电动势。在这种结构内,线圈的运动方向、导线及磁力线方向三者相互垂直,根据电磁感应定律,感应电动势 e 的大小由下式确定:

$$e = Blv \cdot 10^{-8} \quad (\text{V}) \tag{1-5}$$

式中:B 为空气隙内的磁感应强度(Gs);

$\quad l$ 为磁场内导线的有效长度(cm);

$\quad v$ 为线圈切割磁力线的相对速度(cm/s)。

对于成品传感器,磁感应强度与导线有效长度的乘积为一常数,因此传感器的输出电压仅与导线切割磁力线的相对速度成正比。

根据电动式传感器的力学系统不同,可分为相对式(直接接触型)和质量-弹簧型(惯性式)两种传感器。相对式传感器结构如图 1-8 所示,绕在铝合金骨架上的线圈 1 处在环形空气隙内,合金骨架通过连杆 4 和顶杆 6 与被测物体接触,并借助弹簧片 3 和 5 的压缩力使其始终跟随被测物体一起运动。空气隙内的磁通由磁钢 2 与磁路提供。若外壳 7 支撑在空间不动的支架上,则线圈与磁力线的相对运动速度就是被测物体的运动速度,传感器的输出电压与被测物体的振动速度成正比,所以称之为速度传感器。

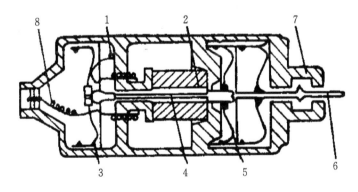

图 1-8 相对式速度传感器的结构图

相对式速度传感器可以用来测量两个运动物体的相对运动量,此时,可将传感器外壳固定在一个振动物体上,传感器的顶杆顶在另一个振动物体上,传感器的输出电压与两个被测物体的相对振动速度成正比。

相对式速度传感器的特点是可测量频率从 0 Hz 开始的相对振动量,其使用频率上限由接触杆与被测物体表面的接触共振频率决定,或者由连杆和线圈骨架组成的轴向固有频率决定。在使用频率范围内,这种传感器的输入与输出之间的相移基本为零。它可测量的幅值范围由其结构所许可的最大行程和不与被测振动物体发生脱离的最大许可加速度来确定。通常低频端决定于最大许可行程,而高频端决定于最大许可加速度。它对被测物体的附加质量不大,但对被测物体有附加刚度的影响,不适合测量轻薄型结构的振动。

质量-弹簧型电动式传感器的结构类型很多,主要有单磁隙、双磁隙和动磁钢三种形式。测量振动时,传感器外壳与被测物体相连,当传感器外壳跟随被测物体一起运动时,由前面惯性式传感器运动特性分析可知,若被测频率远大于传感器的固有频率,线圈相对于空间是静止的,它切割磁力线的速度就等于被测物体振动的绝对速度。在测量过程中,传感器的惯性接收是由弹簧片与可动部分组成的单自由度振动系统执行,而电动式变换则是由磁隙与线圈构成的机电变换部分完成。

目前,大多数传感器采用的是双磁隙结构(如图1-9所示)。磁钢1与壳体6连在一起,并与环形空气间隙构成闭环磁力线回路。惯性质量由装在芯轴5上的线圈架、线圈2和阻尼环3组成,并在磁场中运动。弹簧片4径向刚度很大、轴向刚度很小,使惯性系统既得到可靠的径向支承,又保证有很低的轴向固有频率。阻尼环一方面可增加惯性系统质量,降低固有频率,另一方面在磁场中运动产生的阻尼力使振动系统具有合理的阻尼。

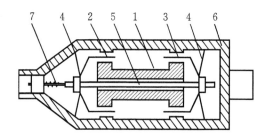

1—磁钢;2—线圈;3—阻尼环;4—弹簧片;5—芯轴;6—壳体;7—输出线

图1-9 双磁隙电动式传感器的结构

在有些电动式传感器中,采用的是双线圈、双磁隙结构,线圈骨架由导电材料制成,并起到阻尼环的作用,两个线圈绕向相反并串接起来,其输出电压为两个线圈切割磁力线所产生的感应电动式之和。双线圈、双磁隙结构可以有效消除磁场的非线性对传感器输出电压的影响。

惯性式速度传感器中的阻尼有三种形式:油阻尼、电涡流阻尼和电磁阻尼。由于油的粘度对温度非常敏感,在温度变化的场合,油阻尼提供的阻力系数不稳定。电涡流阻尼是通过一短路环来实现,这种阻尼力是一种与速度一次方成正比的线性阻尼,阻力系数随温度变化极小,而且易于调整到所需的阻尼比。电磁阻尼是通过给线圈两端并联一直流电阻产生的,当线圈切割磁力线运动时,由于直流电阻与线圈构成了闭环回路,回路内就有电流产生,这一电流产生的电磁力始终与线圈运动的方向相反,起到了阻尼的作用。并联直流电阻虽然提高了传感器的阻尼,但也对传感器的灵敏度有很大衰减。惯性式速度传感器的阻尼比一般设计在 0.5~0.7 之间,引进阻尼可以扩展传感器的工作频率下限,有助于迅速衰减意外瞬态扰动所引起的瞬态振动,使传感器的相频特性在工作频率范围内基本保持比例相移。

惯性式速度传感器测量的是绝对速度振动量,频率范围下限受固有频率限制,不能到零,频率上限受安装共振频率及线圈阻抗特性限制。它的测量动态范围主要受结构参数及非线性失真等因素的限制。测量时传感器的全部质量都附加给被测物体,在测量小型结构和轻薄型结构振动时,尤其要注意这一影响。另外,这种传感器还具有灵敏度高、信噪比强、输出阻抗小等优点。

三、压电式加速度传感器

压电式加速度传感器的敏感元件为压电晶体(天然石英晶体或人工极化陶瓷),这种晶体在一定方向的外力作用下或承受变形时,它的晶面或极化面上将会产生电荷,这种现象称为正压电效应。压电加速度传感器正是利用压电晶体的正压电效应将待测的机械振动或冲击量转换成电量(电荷或电压)。它的输出电量瞬时值同它接收的机械振动加速度瞬时值成正比。由于它具有灵敏度高、频率范围宽、线性动态幅值范围大、重量轻及体积小等优点,是目前机械振动与冲击加速度测量中所使用的主要传感器。

1. 结构原理及特性分析

根据压电晶体片受力状态不同,压电式加速度传感器分为中心压缩型(见图 1-10(a)、图 1-10(e))、弯曲型(见图 1-10(b))、环形剪切型(见图 1-10(c))和三角剪切型(见图 1-10(d))。中心压缩型结构中,压电元件、质量块和弹簧系统装在圆形中心支柱上,支柱与基座连接。这种结构有高的共振频率。然而基座 B 与测试对象连接时,如果基座 B 有变形则将直接影响传感器输出。此外,测试对象和环境温度变化将影响压电元件,并使预紧力发生变化,易引起温度漂移。弯曲型传感器的灵敏度相对较大,但其固有频率低,因而使用频率范围窄,另外,它能承受的最大加速度也小。而环形剪切型传感器结构简单,能做成极小型、高共振频率的加速度计,环形质量块粘到装在中心支柱上的环形压电元件上,由于粘结剂会随温度增高而变软,因此最高工作温度受到限制。三角剪切形结构中,由夹持环将压电元件夹牢在三角形中心柱上,加速度计感受轴向振动时,压电元件承受切应力,这种结构对底座变形和温度变化有极好的隔离作用,有较高的共振频率和良好的线性。

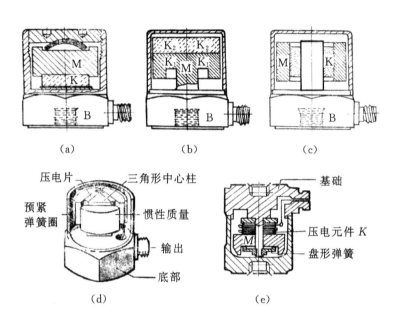

图 1 - 10 压电加速度传感器结构

下面以中心压缩型结构为例来说明压电式加速度传感器的工作原理及特性。

在图 1 - 10(a)中心压缩型压电式传感器的结构中，K 为圆形压电晶体片，一般采用两片，并把它们极性相反叠在一起放在基础上。惯性质量块 M 放在压电元件之上，并由隔离弹簧和预紧螺帽给予一定的预压力。两片压电元件之间有一导电片。在测量振动时，把传感器基础固定在被测物体上，当传感器跟随被测物体一起振动时，压电元件就受到惯性质量块惯性力的作用并产生变形，在压电元件的两个极化面上就产生电荷，电荷的大小与压电元件的变形成正比。

在这里，压电元件既是传感元件又是弹簧元件，它同惯性质量一起构成传感器的振动系统。所以这种传感器属于"质量-弹簧"型传感器。由图 1 - 7 可知，当被测振动频率远低于这种传感器振动系统的固有频率时，惯性质量块与基础的相对位移（即压电元件的变形）和传感器基础的绝对加速度成正比，而与被测振动的频率基本上无关。一般来说，压电加速度传感器的固有频率很高，在上万赫兹以上。

为了说明压电加速度传感器的特性与其结构参数及压电元件参数之间的关系，图 1 - 10(a)可以被等效成图 1 - 11 表示的振动系统。这里，把压电元件等效为无质量的弹簧元件，它的刚度为 k，假定惯性质量块是绝对刚性的，连接件的刚度和质量的影响略去不计，则传感器振动系统的固有频率 f_n 为

$$f_n = \frac{1}{2\pi}\sqrt{\frac{k}{m}} \quad (\text{Hz}) \tag{1-6}$$

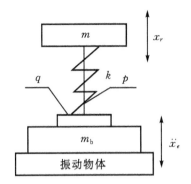

图 1-11 压缩型压电加速度传感器等效力学模型

其中

$$k = \frac{E\pi D^2}{8t} \quad (\text{N/m}) \qquad (1-7)$$

式中:k 为堆叠的圆板形压电元件的刚度;

E 为压电元件的杨氏模量(N/m^2);

D 为压电元件板的直径(m);

t 为各压电元件板的厚度(m);

m 为惯性体质量(kg)。

当所测振动信号频率比传感器固有频率 f_n 低得多时,在质量块所产生的惯性力 F 的作用下,压电元件的两个极化面上产生的电荷为

$$q = 2d_{33}F \quad (\text{C}) \qquad (1-8)$$

其中,d_{33} 为压电元件的压电常数。

又因为

$$F = m\ddot{x} \quad (\text{N})$$

将 F 代入式(1-8)中,得

$$q = 2d_{33}m\ddot{x} \quad (\text{C}) \qquad (1-9)$$

在传感器中,由于两片压电元件是并联的,其极间电容 C_E 为

$$C_E = \frac{\varepsilon\pi D^2}{2t} \quad (\text{F}) \qquad (1-10)$$

其中,ε 为压电材料的介电常数(F/m),当测量频率比传感器固有频率低很多时,其开路电压为

$$e = \frac{q}{C_E} = \frac{4d_{33}mt\ddot{x}}{\varepsilon\pi D^2} \quad (\text{V}) \qquad (1-11)$$

压电加速度传感器的灵敏度有两种表示方法:电荷灵敏度和电压灵敏度。两

种灵敏度的选用取决于所使用的测量仪器。当与电荷测量仪器(电荷放大器)连接使用时,则选择电荷灵敏度;若与电压测量仪器连接使用时,就选择电压灵敏度。上述压缩型加速度传感器的两种灵敏度分别表示为

电荷灵敏度 $\qquad S_q = \dfrac{q}{a} = 2d_{33}mg \quad (C/g)$ $\qquad (1-12)$

电压灵敏度 $\qquad S_e = \dfrac{e}{a} = \dfrac{4d_{33}mgt}{\varepsilon\pi D^2} \quad (V/g)$ $\qquad (1-13)$

其中,a 为传感器输入的被测加速度,且 $a = \ddot{x}/g$,g 为重力加速度值($g \approx 9.8 \text{ m/s}^2$)。

2. 主要技术指标

(1)灵敏度:表征压电加速度传感器将振动信号转换为电信号的能力。由式(1-12)和式(1-13)可知,压电加速度传感器的灵敏度取决于压电晶体的压电特性(压电常数、介电常数)、传感器的结构型式和惯性体的质量。在压电元件及传感器结构形式确定后,传感器的灵敏度与惯性体质量的大小成正比,质量越大,则灵敏度越高。

(2)频率范围:压电传感器的频率特性如前述图 1-7 所示。由图可知,在振动信号频率远低于传感器固有频率时,其灵敏度值基本保持不变。使用频率上限受传感器安装共振频率和传感器振动系统固有频率的限制,一般取传感器固有频率的 1/5~1/3 作为使用频率上限。由前述讨论可知,压电式传感器具有"低通"特性,原理上可测量极低频的振动,但由于低频特别是小振幅振动时,加速度值小,传感器的灵敏度有限,因此输出信号将很微弱,信噪比很低;另外电荷的泄漏,积分电路的漂移(用于测振动速度和位移)、器件的噪声都是不可避免的,所以实际低频端也出现"截止频率",约为 0.1~1 Hz 左右。

(3)横向灵敏度:图 1-12 给出了横向灵敏度、最大灵敏度及主灵敏度方位之间的关系。

对于压电传感器来说,要求横向灵敏度等于零是不可能的,但要求越小越好。对于一优质传感器来讲,在使用频率范围内,最大横向灵敏度应小于主轴灵敏度的 5%。

影响压电传感器横向灵敏度的因素很多,一方面压电材料的压电特性不规则是一个重要因素,另一方面传感器和压电元件的机械加工及安装技术的好坏也是很重要的。另外,在使用时必须保证传感器主轴灵敏度方向与被测振动方向一致。

(4)动态范围:压电传感器的动态范围比较宽,高灵敏度加速度传感器能测量的最小测量值低达 $10^{-5}g$(主要受测量仪器噪声电平的限制),而用于测量冲击信号的加速度传感器最大许可幅值可达 $10^5 g$ 以上(主要受传感器的非线性及强度等

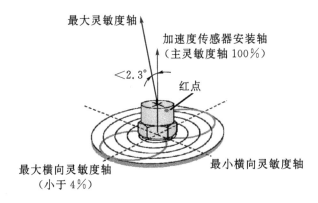

图 1-12 压电加速度传感器横向灵敏度、最大灵敏度及主灵敏度方位关系

限制)。另外,动态范围、灵敏度和频率范围是相互制约的三个参数,灵敏度越高,频率范围会随之下降,动态范围也将变小。因此,在传感器设计时要兼顾这几个参数。

(5)环境特性:在振动测量时,压电传感器会在各种环境下使用,这些环境因素(如图 1-13 所示)对传感器的性能有很大影响。由于压电陶瓷的压电常数及介电常数都会随温度而变化,在较高温度下,温度效应将导致传感器电荷和电压灵敏度发生变化。同时,温度的变化还会引起传感器的绝缘电阻、阻尼系数等发生变化,

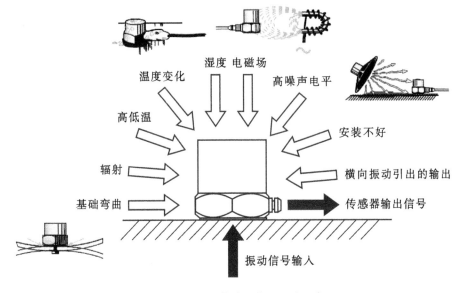

图 1-13 压电传感器使用环境因素

使传感器的低频响应、高频特性等变差。另外，当压电传感器使用在噪声很强的场合时，噪声激励会引起传感器的输出，这种输出会叠加在被测的加速度信号中，造成测量误差。除此之外，电磁场、辐射、基础弯曲产生的应变、环境湿度等对传感器的灵敏度都有影响。

3.传感器的安装

在进行振动测量时，压电加速度传感器的安装是一个很重要的环节，它对测量结果的正确性有很大影响。图 1－14 给出了几种常用的安装方法。

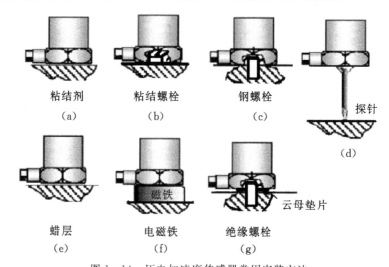

图 1－14　压电加速度传感器常用安装方法

其中，图(a)采用粘接剂或图(b)采用硬性粘接螺栓的固定方法将传感器安装在被测物体表面。当振动量级很小时，用橡皮泥即可，当振动量级较大时，可采用 502 快干胶。由于 502 胶抗剪性较差，在卸传感器时，可用扳手沿传感器径向轻轻一扳，切记不要垂直拔卸，此法高频响应差，只适合较低加速度值测量。图(c)是采用钢螺栓固定，此法安装共振频率高，测量动态范围大，是最好的安装方法。但要注意螺栓不能全部拧入基座螺孔，以免引起基座变形，影响加速度计的输出。在安装面上涂一层硅脂可增加不平整表面的连接可靠性。手持探针(图(d))测振方法在多点测试时使用特别方便，但测量误差较大，重复性差，使用上限频率一般不高于 1 kHz。用一层薄蜡把加速度计粘在试件平整表面上(图(e))，由于蜡的刚性尚好，这种安装方式共振频率也很好，但随温度升高会变差，适用于温度低于 40 ℃以下的场合。用专用永久磁铁(图(f))固定加速度计，此法使用方便，多在低频测量中使用。此法也可使加速度计与试件绝缘。当被测结构漏电或干扰比较大时，需要将结构和测量系统绝缘，可用绝缘螺栓和云母垫片来固定加速度计(图(g))，但垫圈应尽量薄。某种典型的加速度计采用上述各种固定方法的共振频率分别约为：钢螺栓固定法 31 kHz，云母垫片 28 kHz，涂薄蜡层 29 kHz，手持法 2 kHz，永久磁铁固定法 7 kHz。具体采用哪种方法，需要根据测量结构、测量环境，测量频率和幅值范围以及可实施性来定。

在安装传感器时，无论采用哪种方法，都必须保证传感器垂直于被测结构表面，以避免受横向振动的影响。同时，在安装到薄、轻的被测物体上时要注意质量负载效应。图 1-15 给出了传感器质量与被测物体质量之间的关系，由图可知，被测物体的质量与传感器质量之比必须大于 10。选择安装点也很重要，一般要避开薄的及刚性小的安装表面，尽量靠近被测轴或刚性较大的安装面。

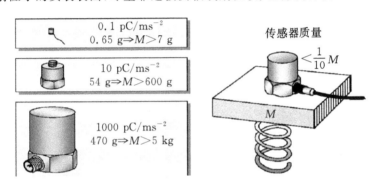

图 1-15　压电加速度传感器安装质量负载数

4. 压电加速度传感器的种类

目前常用的压电加速度传感器有电荷型（输出量为电荷）、IEPE（别名 ICP、CCLD、DeltaTron 输出量为电压）、智能型和一些特殊传感器。下面简单介绍一下这些传感器。

（1）电荷型压电加速度传感器。图 1-16 给出了几种电荷型加速度传感器实物图。这种传感器优点为：稳定可靠，结实耐用，安装方便；对环境适应性强，特适合高低温环境使用；动态范围高，可达 160 dB 以上；频率范围宽等。缺点为：输出阻抗高，需要低噪声电缆和外接电荷放大器或电荷转换器。

（2）IEPE 型压电加速度传感器。IEPE 压电加速度传感器将电荷放大器集成在传感器壳体内，其输出是电压，输出阻抗很低，可用普通电缆将它直接连接到能提供直流电流的采集器或信号分析仪上。若所用的采集器或分析仪不能提供直流电流，则 IEPE 传感器必须连接专用供电装置，这种装置一方面给传感器提供 2～10 mA 的恒流电流，同时将传感器的输出信号进行放大和滤波后，输入到采集器或分析仪的输入端。这类传感器使用方便，抗干扰能力强，但由于受内置电路限

图 1-16　电荷型压电加速度传感器

制,输出量程不能随测量信号大小进行调整,测量动态范围受到限制,也不适宜在高温或低温环境下使用。图 1-17 给出了 IEPE 压电加速度传感器实物图。

图 1-17　IEPE 型压电加速度传感器

　　(3)智能型压电加速度传感器。智能型传感器采用内置芯片,出厂时将传感器的序列号、生产厂家、灵敏度等参数储存在芯片里,分析仪可直接识别出这些参数,这对多点测量非常方便。

　　(4)特殊传感器。为了适应特殊环境和用途的需求,除通用压电加速度传感器外,还有图 1-18 所示的一些特殊传感器。校准传感器用于传感器及测量系统的标定,其压电元件采用的是石英晶体,虽然灵敏度低,但压电常数稳定,机械强度好,灵敏度随温度变化很小;三向传感器可以同时测量 X、Y、Z 三个方向的振动加速度;高灵敏度传感器一般内置放大器,灵敏度很高,用于测量微弱振动信号;冲击传感器灵敏度很低,但动态范围大,频率范围宽,适合于测量高加速度值的冲击信号;在高温环境下测量振动加速度时,通用传感器的温度范围不能满足要求,必须选用高温传感器,但要注意高温传感器的温度范围,测量环境温度必须低于传感器所能承受的最高温度。

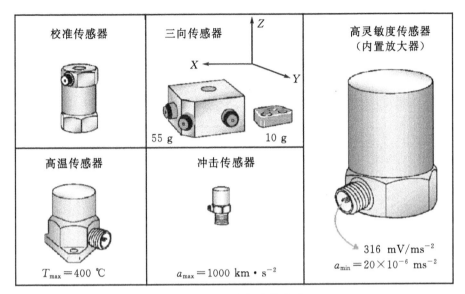

图 1-18 几种特殊传感器

用于振动加速度测量的传感器还有压阻式、电容式及伺服式等。压阻式加速度传感器通常采用悬臂梁式结构实现其惯性接收,再利用半导体材料的压阻效应将正比于加速度的应力转换为电阻值的变化。与压电式加速度传感器相比,其最大特点是具有零频率响应,因此适合测量持续时间较长的慢变冲击过程及特低频率振动过程。但由于半导体片对温度非常敏感,必须在传感器内部有温度补偿措施。

伺服式加速度传感器内部装有两套机电变换装置,一个是电容式机电变换,将机械量转换为电量,以提供测量和反馈信号;另一个是可逆的电动式变换,将电量转换为机械量,起反向传感器的作用,其作用是执行反馈环节。图 1-19 所示为伺服式加速度传感器结构示意图。这种传感器具有零频率响应、幅值线性度极好和精度高等优点,比较适合于飞机、土木结构、桥梁等低频及静态结构加速度测量。

电容式加速度传感器多数采用差动式结构,有两个固定电极,两电极之间有一用弹簧支撑的质量块,此质量块的两个端平面作为活动板极。当传感器测量垂直方向振动时,由于质量块的惯性作用,使两个固定板极相对质量块产生位移。与其它类型的加速度传感器相比具有灵敏度高、零频率响应、环境适应性好等特点,尤其是受温度的影响比较小。但其信号的输入与输出为非线性,且量程有限,还受电缆的电容影响,而电容传感器本身是高阻抗信号源,因此电容传感器的输出信号往往需通过后继电路给予改善。这种传感器较多的用于低频测量,其通用性不如压电式加速度传感器,且成本也比压电式加速度传感器高得多。

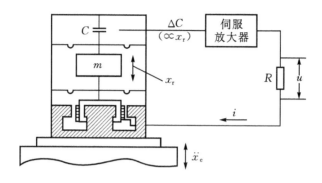

图 1-19 伺服式加速度传感器结构示意图

四、压电式力传感器

压电式力传感器是测量动态力的主要传感器之一,具有频率范围宽、动态范围大和体积小等优点,特别适合冲击力的测量。图 1-20 为压电力传感器的结构图和简化的力学模型。

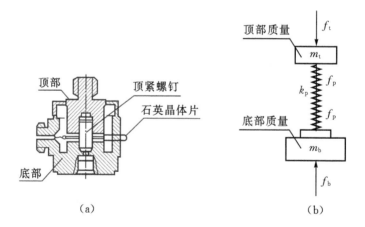

图 1-20 压电力传感器的结构图和简化的力学模型

压电式力传感器是由顶部、底部和压电晶体片组成,并通过中心螺钉将晶体片夹紧在顶部和底部之间。图中的 m_t 和 m_b 分别为传感器的顶部及底部质量,k_p 为压电晶体片的等效刚度系数,f_t 为作用在顶部的被测力,f_b 为作用在底部的支承力,f_p 为压电晶体片所受的动态力。由压电晶体的工作原理可知,在动态力作用下,晶面上所产生的电荷(传感器的输出电荷)是与动态力 f_p 成正比的,即

$$q = d_{11}f_{\mathrm{p}} \qquad\qquad (1-14)$$

其电荷灵敏度为

$$s = d_{11} \qquad (\mathrm{pC/N})$$

式中：d_{11} 为石英晶体沿电轴受压时正压电常数。

在进行力的测量时，力传感器是被串接在发力体与受力体之间，传感器顶部与受力体相连，底部与发力体相接，动态力通过传感器内部的压电元件将力传递到物体上。由前面分析可知，压电晶体片所产生的电荷是与动态力 f_{p} 成正比的，也就是说，我们测量的力是 f_{p}，而不是 f_{t}，且两者之差等于传感器顶部质量的惯性力。为了缩小这一差别，传感器在设计时应尽可能减小顶部质量。即使如此，对于轻型小阻尼结构，当激励频率接近结构固有频率时，很小的激振力 f_{t} 就可能引起较大的加速度，这时这个差值可能是不能忽略的，因此在使用力传感器时要注意这一点。

五、电涡流位移传感器

电涡流位移传感器属于非接触式电参数型传感器，具有动态范围大、结构简单、不受介质的影响、抗干扰能力强等特点，被广泛用于旋转机械的径向和轴向振动位移测量及轻薄型结构的振动测量等。

涡流型传感器的结构有多种，早期采用双线圈绕制在非磁性骨架上，一个做激励线圈，另一个做信号接收线圈，类似变压器式。近年来，涡流型传感器多数采用平面线圈，有的绕制在磁性骨架上，用于低频载波。但常用的是绕制在非磁性骨架上，用于高频载波。线圈有单层和双层之分。

图 1-21 给出了一种电涡流位移传感器的结构图。它由探测头、六角螺母、壳体螺纹和引出线（同轴电缆）构成。探测头的传感线圈采用的是高强度漆包线，并绕制在由环氧树脂做成的骨架上，外罩聚四氟乙烯保护环。传感器外壳用不锈钢制成。六角螺母用来固定传感器。

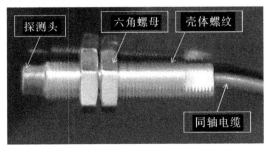

图 1-21　电涡流位移传感器的结构图

当给传感器平面线圈通一高频激励电流时，线圈周围即产生一高频交变磁场 φ_i，当被测导体靠近传感器线圈时，会受到高频交变磁场的作用，其上就产生涡流，这个闭环涡流又产生一个磁场 φ_a。根据电磁感应定律，φ_a 总是抵抗主磁场 φ_i 的变化。图 1-22 为涡流传感器的工作原理图。

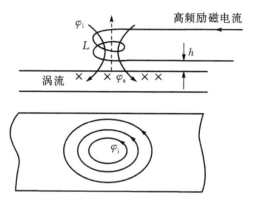

图 1-22　涡流传感器的工作原理图

第五节　激振设备

在振动测量与试验中，我们经常要用到各种激振设备来激励结构，使其处于强迫振动状态，以达到一定的试验目的。激振设备主要使用在以下几个方面：

（1）系统的动力参数测量与动力特性试验。研究机械结构动力特性的常用方法是给结构一定形式的激励，然后测量其激励和响应，得到它的频率响应函数，并获得它的固有频率、阻尼系数、振型等模态参数。通过对这些参数的分析，可以了解结构的动力特性，为结构的设计与改型提供原始数据。

（2）环境模拟试验与动力强度试验。有很多产品要经历航空、船舶、火车、汽车等运输过程中产生的振动与冲击作用，因此，它们会不会发生损坏？性能会不会发生变化？而有些产品本身就在振动环境里工作，如宇宙飞船、飞机等，它们的工作性能是否可靠？还有一些精密仪器要采用专门的防震包装，以免受冲击与振动的作用，那么这种包装的防震性能又如何？为此，这些产品都需要进行疲劳、冲击等动力强度试验，或者在规定或模拟的振动环境中考核，看它们是否会发生破坏或功能失效等情况，或者检验各种隔震措施是否达到了设计要求。

（3）传感器与测量系统的校准。

一、激振设备的分类

根据使用方式的不同,激振设备可分为振动台和激振器两种。前者是将试验对象置于振动台的台面上,由台面提供一定振动波形、一定振动频率、振幅和加速度的振动。后者是将激振器装在试验对象上,由激振器产生一定频率和大小的激振力,作用于试验对象的一点或一个局部区域上,使试验对象产生强迫振动。它们两者没有明确的界限。一般来说,振动台可以当激振器使用,但激振器不能作为振动台使用,它的波形失真要比振动台大。

根据产生振动的工作原理不同,激振设备可分为机械式、电动式、磁吸式、压电晶体式、电动液压式等。按激励波形不同,可分为简谐振动、冲击振动、任意波形振动和随机振动等。按产生振动的方向不同,激振设备可分为单方向的一维振动(水平、垂直、扭转等)、多方向的两维平面振动和三维的空间振动等。

二、激振设备的基本技术参数

激振设备有以下的基本技术参数:

(1)振动台面的最大加速度、最大速度、最大位移、最大激振力和使用频率范围。另外,对振动台来说,还有台面的最大负荷(台面所能承受试验对象的最大重量)。不同形式和尺寸的激振设备,这些技术参数会有很大差别。在进行试验时,要根据试验对象的重量以及试验条件合理地选择激振设备。

(2)失真度。失真度是衡量振动台面波形畸变情况的,主要有两种失真形式:撞击失真和谐波失真。撞击失真的频率含量很高,能量不大,呈现毛刺,加速度幅值比较大,产生的主要原因是台体或试件的某些连接体松动或相互碰撞。而谐波失真是以输出波形的高次谐波分量形式存在的,总的谐波失真定义为

$$d = \frac{\sqrt{E_{r2} + E_{r2} + \cdots + E_{rn}}}{E_{r1}} \times 100\%$$

式中:E_{r1} 为振动台输出正弦波的有效值;

E_{rn} 为输出波形的高次谐波分量的有效值。

引起谐波失真的因素比较多,要完全消除也比较困难。谐波失真对振动试验结果有很大影响,因此合理规定振动台的失真度有着重要的意义。一般工业要求激振设备输出波形失真度在 $5\% \sim 10\%$ 以下。

(3)台面的横向振动。它表示振动台面与轴向振动方向相垂直方向的运动分量,常以相对轴向振动的百分数表示。一般的振动试验要求横向运动分量要低于 8%,而标准振动台的横向运动要低于这个数值。台面的横向振动往往与振动台设

计不良有关,特别是导向机构或支撑系统设计不良所致。另外,试件安装不当也会加剧横向振动。一般情况下,试件的重心要与振动台面的几何中心重合。

（4）台面的不均匀度。它指台面上各点振动大小的不均匀程度,常用台面上最大振动幅值（或者最小振动幅值）与台面振动平均幅值的相对误差表示。振动台面的振动分布不均匀对振动试验结果有着重要影响,特别是耐振试验。过大的不均匀,会使试件造成过载或欠载。因此,振动台面的不均匀度要有一定的规定。不均匀度通常是由于台面结构刚度不足而引起的。台面越大,随着振动频率的提高,不均匀度会有所增大。

三、机械式振动台和激振器

机械式振动台和激振器形式繁多,但主要有两种形式:偏心式和离心式。

图 1-23 表示偏心式机械式振动台的工作原理。当偏心轮以角频率 ω 绕转轴中心旋转时,振动台面就发生上下往复振动,其振动位移呈正弦规律变化,振幅为偏心轮中心到转轴中心的距离,振动频率由偏心轮回转速度确定,振动方向可以是垂直或水平的。通常转轴是由直流电机驱动,且转速是可调的。驱动机构通常有曲柄滑块、正弦及凸轮顶杆机构。

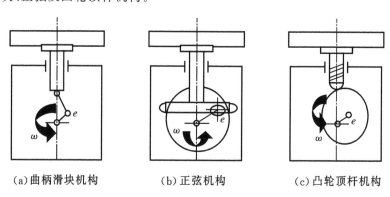

(a)曲柄滑块机构　　　　(b)正弦机构　　　　(c)凸轮顶杆机构

图 1-23　偏心式机械式振动台的工作原理

理论上,这种振动台在一定的偏心距下其振幅不随试件的质量和使用频率而变化。为了便于调节偏心距,可采用双凸轮装置,通过改变两个凸轮的相对位置来调整偏心距。偏心式振动台具有以下特点:

（1）能运行在低频和大位移振幅的情况。使用频率范围大致在 $1\sim60$ Hz,下限频率决定于调速机构在低速时的稳定程度,上限频率受轴承磨损等因素的影响。受轴承间隙的限制,最小振幅不能太小,一般在 0.1 mm 以上。

（2）理论上,这种振动台的振幅不随使用频率变化,但实际上随着振动频率升高,载荷增大,产生的振动力也是很大的,这使构件发生较大的弹性变形,因此振幅也略有变化。另外,要求其在使用频率范围内没有谐振频率。

(3)由于在进行振动试验时,这种振动台的安装基础会受到很大的激振力,因此振动台的基础要坚固。

(4)由于轴承间隙等因素,在高频振动时,构件的局部撞击就加重,引起振动输出波形变差,特别是加速度输出波形。

图 1-24 给出了离心式机械式振动台的工作原理。在振动台内,发振器是两组相反方向旋转的偏心重块,每组由两块相互角度可以改变的扇形块组成。在两轴转动时,扇形块产生离心力。当两个扇形块成 180°安装时,由于自身平衡而没有离心力;当两个扇形块重叠安装时,每组扇形块的偏心最严重,转动时产生的离心力也最大。由于两组偏心块是以相反方向同步旋转,故离心力的水平分力自相平衡,而垂直分量相加,这个垂直分量就激起振动台面在垂直方向运动,且垂直激振力可由下式计算:

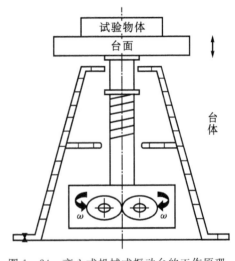

图 1-24　离心式机械式振动台的工作原理

$$F = 2mr\omega^2 \sin\omega t$$

式中:m 为每组扇形块的质量;

　　r 为偏心距;

　　ω 为转轴的角频率。

这种振动台与偏心式振动台不同,它是一个受简谐激振力作用的单自由度振动系统,台面的位移幅值为

$$A = \frac{2mr\omega^2}{M(\omega^2 - \omega_0^2)}$$

式中:M 为振动台运动部分的总质量;

　　ω_0 为振动系统的固有频率,且 $\omega_0^2 = K/M$,K 为悬挂系统的刚度。

从上式可以看出,当激励频率远大于振动台悬挂系统固有频率时,台面的振幅随激励频率的变化不大。通常这类振动台的工作频率范围为 1~20 Hz 到 60~100 Hz 之间,振幅为 0.1~3 mm,它传递到基础上的激振力很小,输出波形较偏心式振动台要好,且成本低,寿命长,适合于做简单的耐振试验。做试验时应注意试件的重心要同激振力方向相一致，以避免振动台产生横向振动或扭转振动。

机械离心式激振器与振动台的区别在于它没有振动台面，激振力是通过激振器外壳作用于被试验对象上。由于激振器产生的激振力是单方向的，要改变力的方向必须改变激振器的安装方向。

四、电动式振动台

电动式振动台的工作原理与电动式扬声器相似，即利用带电导体在磁场中受到电磁力作用而产生运动。图1-25表示电动式振动台的结构简图。振动台面和驱动线圈等运动部分通过支撑弹簧悬挂在台体外壳上，台体由磁性材料制成，其间有一环形空气隙，驱动线圈就处在这一环形空气间隙内。当给励磁线圈供以直流电流后，环形空气隙中形成一个恒定磁场。当驱动线圈流过交变电流时，由于它与磁场的相互作用，驱动线圈就产生电动力，并推动线圈及台面运动。改变流过驱动线圈交变电流的大小和频率，就能改变台面振动的大小和频率。电动力的大小与驱动线圈在磁场里的有效长度 l（m）、通过导线的电流 i（A）、环形空气隙内的磁感应强度 B（Wb/m²）有关，它们之间的关系为

$$F = Bli\sin\omega t \quad （N）$$

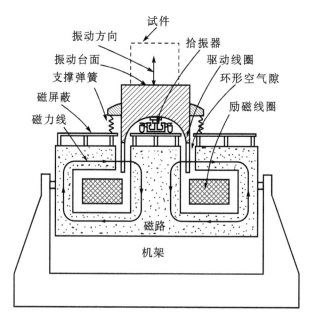

图1-25 电动式振动台的结构简图

环形空气隙内的磁感应强度通常有两种励磁方式：一种是由直流励磁线圈，其产生的磁感应强度可达 10 000～15 000 Gs，因此，这种方式多用于大推力的电动振动台。另一种是用永久磁铁，由它产生的磁感应强度在 4 000～6 000 Gs，这种方式多用于小推力的电动振动台。在采用直流励磁时，要求直流励磁电源有很小的波纹系数，以保证磁场的恒定，减少台面的背景噪声。

电动振动台的磁路有三种基本结构形式，如图 1-26 所示。图（a）为上磁路结构，线圈骨架与台面是一体结构，因此骨架与台面的固有频率较高，振动台的使用频率范围比较大，但环形空气隙内的漏磁对台面的影响较大。为了减少这一影响，对某些特殊试验，可对试件采用磁屏蔽的方式或者采用消磁线圈。图（b）为下磁路结构，它同图（a）结构相反，其环形空气隙在磁路的下方，驱动线圈与振动台面用杆件相连接，这种结构的优点是环形空气隙内的漏磁对台面的影响很小，但它的固有频率会降低，影响振动台的使用频率范围。图（c）为双磁路结构，它的特点是环形空气隙中的漏磁对台面影响小，双磁路的磁场分布比较对称，这对减少输出波形的非线性失真（谐波失真）有好处，同时这种结构也可减少骨架与台面的连接长度，提高轴向固有频率。但这种结构安装与拆卸都不方便，散热条件也不好，所以应用不广泛。

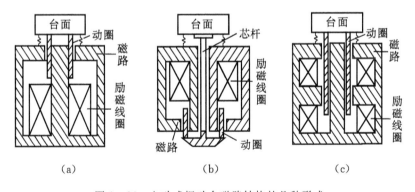

图 1-26　电动式振动台磁路结构的几种形式

电动振动台悬挂系统（台面、线圈骨架及驱动线圈）的支撑弹簧有多种不同形式，如剪切橡皮、花板弹簧、板梁弹簧、空气弹簧等。为了保证振动台具有频率较宽、谐波失真小、横向振动小等良好特性，要求支撑弹簧设计良好并具有大的线性变形范围和一定的阻尼力。

振动台的频率特性主要取决于可动部分与支撑弹簧所组成的振动系统的动力特性，此外，动圈与功率放大器的耦合方式，台面上的负载亦对频率特性有影响。根据振动台的结构图，电动振动台可简化为两个自由度振动系统，其力学模型如图

1-27 所示,图中,m_1 为台面与负载的质量,m_2 为驱动线圈及骨架的质量,k_s 和 c_s 为支撑弹簧的刚度系数与阻尼系数,k_e 和 c_e 为台面与骨架连接件的等效刚度与阻尼系数,且 $k_s \ll k_e$。

当振动频率较低时,由于 $k_s \ll k_e$,m_1 和 m_2 可以看作为刚性

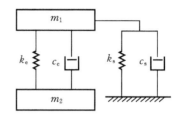

图 1-27　电动式振动台的力学模型

连接,图 1-27 就变成单自由度系统,该系统的固有频率 ω_s 取决于整个悬挂系统的质量与支撑弹簧的刚度系数 k_s。当 c_s 较小时,振动台的频率特性曲线会在此频率区出现凸峰,为了压低这一峰值,使振动台在此区间有比较平缓的特性曲线,往往在系统中引入一定的阻尼,如在支撑弹簧片中夹阻尼层等。

当振动频率较高时,振动台的振动特性取决于台面与骨架和线圈组成弹性体的固有特性,特别是台面与驱动线圈所构成弹性体的一阶固有频率 ω_e。在此频率区域,台面会形成共振,且共振峰值要比低频区的共振峰值大得多。因此,要提高振动台的使用频率上限,必须尽可能地提高悬挂系统弹性体的轴向共振频率。为此,台面和骨架要选用质量轻、强度高的材料,如铝、铍、陶瓷及纤维等复合材料。

振动台的工作频段主要在 ω_s 和 ω_e 之间,在此频率范围内,要求振动台不应再有其它零部件引起的共振频率,这样才能使振动台在恒电流下有平坦的频率特性曲线、良好的波形以及台面上各点振动的一致性和单向性。如果引入合适的阻尼,振动台的频率下限可以扩展到低频共振区以下。如功率放大器与驱动线圈采用直接耦合方式,振动台的使用频率下限也可到直流。

电动振动台输出波形受各种因素的影响会产生失真,通常引起谐波失真的因素有以下几点:

(1)功率放大器输出失真,即流经驱动线圈的电流波形失真。这种失真是振动台输出失真的主要原因。

(2)台面支撑弹簧非线性所产生的失真,特别是在大位移变形情况下,由于超出了弹簧的线性变形范围,失真将加重。

(3)磁场强度不均匀所产生的失真。环形空气隙中的直流磁场强度沿轴向高度分布为中间均匀,两头稀疏且成非线性分布。当驱动线圈在磁隙中不同位置时,由于穿过磁力线的数目不同,它所产生的激振力则不同,由此产生非线性失真。为了消除这种失真,在设计驱动线圈时,要求满足

$$l + 2a_0 < B \quad \text{或} \quad l + 2a_0 \gg B$$

式中:l 为驱动线圈的高度;

B 为磁隙高度；

a_0 为振幅。

实践表明，按后一种关系设计，磁场分布不均匀所造成的失真是不明显的。

（4）次谐波失真。振动台的台面和骨架都是弹性体，并非绝对刚体，因此，它就有谐振频率（固有频率）。假设谐振频率为 f_0，当试验频率 $f = f_0/n$，就会产生谐波失真。振动台的激振力总免不了包含有一定的谐波分量，尽管其高次谐波分量很小，但当高次谐波分量的频率与台面的谐振频率相等时，它将被放大很多倍，使台面运动波形产生严重的失真。为了减少谐波失真，一要提高台面的谐振频率，二要减少输入激振力的失真，三要增加台面的阻尼，降低谐振的品质因数。

电动式振动台与其它激振设备相比较，具有以下特点：

（1）使用频率范围宽。一般下限频率为 5～10 Hz，对于小型振动台，下限频率可到直流；上限频率可到 5 kHz 以上，对于标准振动台，上限频率可到 10 kHz 以上。

（2）输出推力很大。目前最大推力可达 40～50 t。

（3）输出加速度波形好，一般失真度在 5% 以下。

（4）操作方便，可实现多种波形控制，激振频率和激振力幅可控性好。

在用振动台进行试验时还应注意以下几点：

（1）必须将试件牢牢地固定在振动台台面上，使安装固有频率尽可能高，避免有撞击现象产生。

（2）试件的重心尽可能与台面轴心重合，避免产生横向振动分量及扭转振动分量。

（3）进行试验时，要注意振动台面各点的不均匀性，特别是大振动台面或水平滑台，在振动频率较高或台面本身产生谐振时，不均匀性将比较严重。

五、电动式激振器

电动式激振器的工作原理与电动振动台相同，即在磁场里的导体通过交变电流时会产生电动力，然后把这个力输送到试验物体上。目前电动式激振器主要有两种形式：一种是螺杆连接式，另一种是顶杆式，图 1-28 给出了顶杆式激振器的结构图。

驱动线圈 2 固装在顶杆 6 上，并由支承弹簧 1 支承在壳体 7 中，线圈 2 正好位于磁极 3 与铁芯 5 的气隙中。当线圈 2 通过经功率放大后的交变电流 i 时，根据磁场中载流体受力原理，线圈将受到与电流 i 成正比的电动力的作用，此力通过顶杆传到被测对象，即为激振力。但是，由顶杆施加到被激对象上的激振力，不等于线圈受到的电动力。传动比（电动力与激振力之比）与激振器运动部分和被测对象

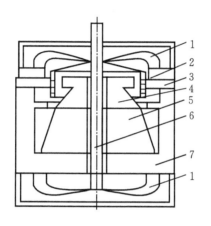

1—弹簧;2—驱动线圈;3—磁极;4—铁芯;5—磁钢;6—顶杆;7—壳体

图 1-28　顶杆式电动式激振器结构图

本身的质量刚度、阻尼等因素有关,而且还是频率的函数。只有当激振器可动部分质量与被测对象的质量相比可略去不计,且激振器与被激对象的连接刚度好,顶杆系统刚性也很好的情况下才可以认为电动力等于激振力。

图 1-29 给出了螺杆连接式激振器外形图。这种激振器在使用时,激振器与被激励物体之间通过一个传力杆连接,通过传力杆将激振力输送给试验物体。为了保证测试精度,做到正确施加激振力,要求传力杆为激励力方向上刚度很大而横向刚度很小的柔性杆,既要保证激振力的传递而又大大减小对被激对象的附加约束。此外,一般在柔性杆的一端串联着一力传感器,以便能够同时测量出激振力的幅值和相位角。

图 1-29　螺杆连接式激振器外形图

1.激振器的安装

激振器的安装有三种基本方式,如图 1-30 所示。

(1)激振器刚性固定在静止不动的支架上。在这种情况下,施加于试验物体上的力等于驱动线圈产生的力。这种安装方式仅适用于永久性、低频激励的试验。

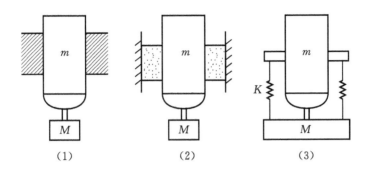

图1-30 激振器的安装方式

（2）激振器弹性安装在一个固定的支架上。由振动理论可知,激振器与安装弹簧构成一个振动系统,并具有一个固有频率,因此,它有三种工作情况:一是激振力频率低于系统固有频率,激振器以大振幅振动;二是激振力频率等于系统固有频率,激振器的振幅很大,并吸收很多激振能量;三是激振力频率大于系统固有频率,激振器相对于空间几乎形成不动点,此时激振器施加于试验物体的力几乎等于驱动线圈的力。因此,这种安装方式适合于激振频率大于激振器安装固有频率以上的振动试验。有时,为了降低激振器安装固有频率,可以给激振器上加以配重,使其安装固有频率低于激振频率1/3以下。

（3）在很多无法找到安装激振器的参考物场合,可将激振器用弹簧支撑在被激对象上。这种安装方式也存在固有频率,它决定于激振器、试验物体的质量及支撑弹簧的刚度。一般来说,它仅用于试验物体质量远大于激振器质量的情况,此时安装固有频率由激振器质量及支撑弹簧刚度确定。这种安装方式仅适用于激振频率大于激振器安装固有频率的振动试验,因为此时激振器才有可能形成空间固定不动的参考点,施加于试验物体的力才等于驱动线圈的力,且激振器对试验物体动力特性的影响可能降到最小。

2. 电动式激振器接触共振频率对激振力的影响

由于激振杆与试验物体间的弹性压缩,在激振杆与试验物体之间的接触点形成一个弹性过渡,这个"弹簧"、激振杆及驱动线圈形成了一个振动系统,它的固有频率被称为接触共振频率。当激振力频率等于这一频率时,则施加于试验物体的力远大于驱动线圈的力。

顶杆式电动激振器在使用时,为了保证激振杆与试验物体不发生脱离,必须要求驱动线圈支撑弹簧提供一定的预压力,这一预压力必须始终大于激振器运动部分的惯性力。

此外,激振杆与驱动线圈的质量对试验物体的振动特性,如固有频率、振型也有一定的影响,特别对于试验物体的质量比较轻或测定高阶振型等情况,影响就更大。由于试验物体高阶振型节线之间的距离往往很接近,因此分布质量相应的减少,激振杆附加质量的影响就加大。

3. 电动式激振器的特点

使用频率范围宽,激振力波形好,操作简单,但激振力有限,否则激振器的体积很大,另外激振杆等附加质量对轻型结构的振动特性也有很大影响。

六、压电式振动台和激振器

压电晶体激振装置是利用压电晶体的逆压电效应工作的,即在压电晶体片的两个极化面上施加交变电压时,在它的某一方向就会发生伸缩或剪切变形,其实际应用有以下两种:

(1)压电振动台。它是利用几十片环形晶体片粘叠而成,上面粘有一台面,下面粘在一个重的水平底座上,当通以交变电压时,各晶片在厚度方向发生微小变形,许多晶体片的变形叠加在一起就构成台面上下运动。这种振动台通常用来校准高频加速度计,其频率范围约 50～10 000 Hz,振幅不到 1 μm。

(2)压电激振片。用导电胶水把压电晶体片粘贴在激振物体上,然后把交变电压加到它的极化面上,由于极化面上电荷的作用,它就产生变形,并产生惯性力,这个惯性力就施加于试验物体,激励试件一起发生相应的变形。这个激振力的大小与压电晶体片的大小、变形、交变电压的大小有关。一般压电晶体片产生的激振力是很小的,它仅适用于轻型物体的共振激振试验。

压电晶体片的阻抗是容性的,因此它的阻抗是随着激振频率变化的,所以需采用功率放大器供电。

七、冲击力锤

冲击力锤是结构模态试验中给结构施加激振力的简单、方便的施力工具。它由外购的压电式力传感器配以锤体、锤头和锤把构成,图 1-31 是它的结构图。

当用锤头盖敲击试验对象时,力传感器的压电晶体片就产生与冲击力成正比的电荷,将力锤输出信号线接入电荷放大器输入端,电荷放大器输出端再与测量放大器或信号分析仪相接,就可测量出冲击力的大小。

力锤产生的冲击力波形为半正弦波,波形的持续时间(脉宽)主要取决于锤头盖的材料,同时也与试验对象的材料有关。锤头盖材料刚度越大,脉宽就越窄,当锤头盖材料不变时,试验对象刚度越大,脉宽也就越窄。在模态试验时,我们总希望冲击能量能集中在感兴趣的频带范围内,而在带外的能量要尽可能地小一些。

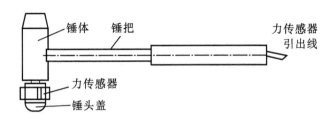

图 1-31　冲击力锤结构图

而通过改变不同刚度的锤头盖就能得到合适的脉宽及主瓣频率,且主瓣频率与脉宽互为倒数关系,冲击能量主要集中在 $0\sim 1/\tau$,主瓣频率大约为 $3/(2\tau)$。冲击力大小一般与锤体质量有关,锤体大,冲击力也越大,锤体质量主要影响冲击力幅值,对持续时间也略有影响。当锤头盖材料不变时,增加锤体质量不仅可得到较大冲击力,而且使持续时间也稍有延长。

　　常用冲击力锤已系列化,质量小至几克,大到几十千克,冲击力小至几百牛,大到上万牛。锤头盖可用钢、铜、铝、塑料、橡胶等材料制造,可以激励小至印刷电路板,大到桥梁等结构物的振动,在现场试验中尤为方便。

八、不接触式激振器

　　在振动试验中,有些轻薄型柔性结构,若采用接触式激振器激励,激振器作用给结构的附加质量与附加刚度将会引起试验对象动力特性的改变。在此情况下,最好采用不接触式激振器,这种激振器对试验对象没有附加质量和附加刚度的影响,因而也不会影响结构的动力特性。另外,对于运动的物体,如旋转结构的激励,不接触式激振器更具优势。

　　目前常用的不接触式激振器有以下两种形式。

1. 磁吸式激振器

　　磁吸式激振器是利用电磁铁的吸力作激振力,以激起铁磁试验物体的强迫振动。这种激振器激振力的大小随磁化电流的强度而变,而且还同磁路结构参数、磁铁与物体之间空气间隙有关。如图 1-32 所示,当一定频率的交变电压经功率放大器放大后,通入绕在铁芯上的线圈,这时在磁极附近就形成一个交变磁场,处在磁场中的磁性试验物体就受到交变的吸力,吸力 F 的近似计算公式为

$$F = \frac{B_0^2}{\mu_0} S_0 \quad (N)$$

式中:$B_0 = \dfrac{wi}{S_0(R_a + R_m)}$ 为空气隙磁感应强度(T);

$$R_{\mathrm{a}} = \frac{l_{\mathrm{a}}}{\mu_{\mathrm{a}} S_{\mathrm{a}}}$$ 为空气隙磁阻（A/Wb）；

$$R_{\mathrm{m}} = \frac{l_{\mathrm{m}}}{\mu_{\mathrm{m}} S_{\mathrm{m}}}$$ 为铁芯磁路的磁阻（A/Wb）；

w 为磁化线圈匝数；

i 为磁化电流（A）；

l_{a}、l_{m} 分别为气隙平均厚度及铁芯磁路长度（m）；

μ_{a}、μ_{m} 分别为空气及铁磁材料的导磁系数（H/m）；

S_{a}、S_{m} 分别为气隙及铁芯的截面积（m²）。

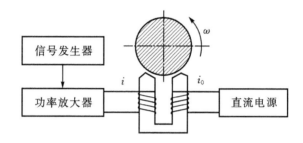

图 1-32　磁吸式激振器的工作原理

这种激振器在通入线圈电流的正半周或负半周，都会产生吸力，如图 1-33（a）所示。这种脉动的激振力包含有许多高次谐波，但主要的激振频率是磁化电流频率的两倍。如果在磁铁上再绕一个线圈或在磁化线圈同时再通入直流电流，则

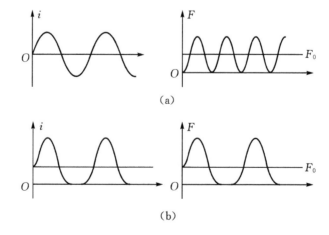

图 1-33　磁吸式激振器激振力和磁化电流波形

其吸力如图 1-33(b)所示,它是一个常力叠加一个简谐激振力。这样就排除了高次谐波力的干扰,使激振力频率等于磁化电流的频率,但振动物体承受一个固定偏移。

这种激振器的装置比较简单,但激振力的大小难以控制,谐波干扰力比较大,其适用的频率范围在几十到几百赫兹之间。

2. 涡流式激振器

涡流式激振器是一种新型激振器,除了具有磁吸式激振器优点外,试验对象不限于铁磁材料,只要是导体就能用。

涡流式激振器有两个磁路(见图 1-34),高性能的永久磁铁置于试件的侧面,它在试件周围形成一个恒定磁场,绕有线圈的铁芯置于试件下方,与试件保持一定间隙。当交变电流通入线圈时,就有交变磁通穿过试件,在试件上感应出与输入电流同频率的交变涡流,涡流与恒磁场相互作用便产生垂直方向的激振力 F。激振力频率与交变电流频率相同,其幅值大小正比于恒定磁场强度与输入电流的大小,并与试件的材质以及试件与激振器安装的相对位置有关,定量确定比较困难。

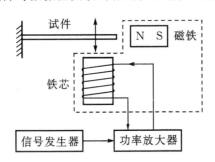

图 1-34 涡流式激振器的工作原理

若试件为铁磁材料,除了激振力 F 外,它还会受到永久磁铁的一个恒吸力。这种激振器产生的激振力较小,最大可达数牛,频率范围较宽,约为 50 至上万赫兹,常用于激发薄板、薄壳等小零件的振动。

九、冲击试验机

在工程实际中,很多设备要在冲击的环境里工作,或要承受冲击载荷的作用,对这类设备往往要进行冲击试验,冲击试验机则是进行冲击试验的重要工具。

冲击过程种类繁多,要让冲击试验机重现各类冲击过程是十分困难的。目前,冲击试验机也只能精确重现几种典型的冲击过程,用这些波形对设备进行冲击试验只能保证冲击对设备的影响与实际冲击过程的影响相似,但不能精确重现任何特定的冲击过程。

目前,冲击试验机主要有两种基本形式:摆锤式冲击试验机和落锤式冲击试验机。

1.摆锤式冲击试验机

图1-35给出了摆锤式冲击试验机的结构简图。试验时,试验物体安装在台面托架上,摆锤打击台面便产生冲击加速度。摆锤的提升是靠凸轮结构控制的。

2.落锤式冲击试验机

图1-36给出了落锤式冲击试验机的结构简图。试验物体安装在落锤台面上,落锤被提升到一定高度后,让它自由下落,落锤与砧基碰撞时,便产生冲击加速度。冲击加速度的波形一般为半正弦波,冲击峰值与持续时间同落锤和试件的重量、自由下落的高度以及落锤与砧基之间所夹弹性体的刚度和阻尼系数有关。在落锤重量与高度一定的情况下,落锤与砧基之间弹性体的刚度越小,冲击波形的持续时间就越大。

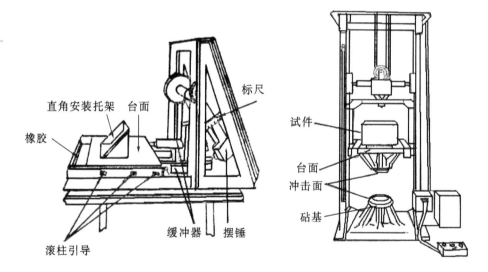

图1-35 摆锤式冲击试验机结构简图   图1-36 落锤式冲击试验机结构简图

十、液压式振动台与激振器

在进行大型结构的振动试验时,往往采用液压式振动台或激振器。液压式激振器由油源、动力输油管道、伺服阀、作动器等构成,它的工作原理是利用伺服阀控制高压油流入作动器的流量和方向,从而使作动器带动台面和其上的试件作相应的振动。激振力的大小可用应变式力传感器进行测量。

液压式振动台同电动式振动台一样,不但可进行正弦定频和扫频激励,和有关控制仪器与设备配合后还可进行随机激励、多点激振、冲击碰撞和实现预定的功率谱或波形再现。它的承载能力、激振力及振动位移在各类振动台中是最大的,最大位移可达数十厘米,但频率范围不大,下限工作频率可低到零,上限工作频率仅为数百赫兹。其波形也比电动式激振器差。此外,它的结构复杂,制造精度要求也高,并需一套液压系统,成本较高。

在工程实际中,除上述介绍的几种激振设备外,对有些特定的试验,还可采用其它的激励方式,如声激振、利用共振原理激振、敲击法和爆炸法等。声激励是利用发声体发出的声压作用于试验物体上,使物体产生强迫振动,它的最大特点是与试验物体不直接接触,因此对试验物体的振动特性不产生任何影响,且施加的激振力是分布力,激振力频率范围宽,激振信号也易于控制,但这种激励方式产生的激振力比较小,仅适合于轻型结构的激励;利用共振原理激振可以使较小的激振力产生较大的振级;敲击法是指利用铅锤或木棍敲击试件,使之产生自由振动,敲击工具的选用要根据试件的大小和估计的固有频率高低来定,该法常用来测定低阶的固有频率和阻尼系数;爆炸法是用适量的炸药或其它爆炸物作为冲击源安放在适当位置,测量和分析试件各点的响应。

第二章 振动测量实验

实验一 机械振动基本参数测量

一、实验目的

（1）掌握位移、速度和加速度传感器工作原理及其配套仪器的使用方法。

（2）掌握电动式激振器的工作原理、使用方法和特点。

（3）熟悉简谐振动各基本参数的测量及其相互关系。

二、实验内容

（1）用位移传感器测量振动位移。

（2）用压电加速度传感器测量振动加速度。

（3）用电动式速度传感器测量振动速度。

三、实验系统框图

实验系统框图如图 2-1 所示。

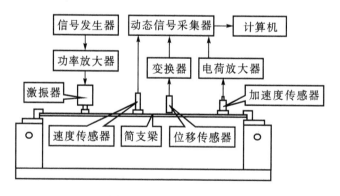

图 2-1 实验系统框图

四、实验原理

在振动测量中,振动信号的位移、速度、加速度幅值可用位移传感器、速度传感器或加速度传感器来进行测量。

设振动位移、速度、加速度分别为 x、v、a,其幅值分别为 B、V、A,当 $x = B\sin(\omega t - \varphi)$ 时,有

$$v = \dot{x} = \omega B \sin(\omega t - \varphi + \frac{\pi}{2})$$

$$a = \ddot{x} = \omega^2 B \sin(\omega t - \varphi + \pi)$$

式中:ω 为振动角频率;

φ 为初相角。

则位移、速度、加速度的幅值关系为

$$V = \omega B, \quad A = \omega^2 B$$

由上式可知,振动信号的位移、速度、加速度幅值之间有确定的关系,根据这种关系,只要用位移、速度或加速度任何一种传感器测出振动信号的幅值,同时测出振动频率后,就可计算出其他两个物理量的幅值。

五、测量过程

(1)安装激振器。把激振器安装在支架上,使激振器顶杆对简支梁有一定的预压力(不要超过激振杆上的红线标识),用专用连接线将激振器接到扫频信号源输出接口。

(2)连接仪器和传感器。用磁铁把压电式加速度传感器和惯性式速度传感器分别安装在简支梁上(注意:速度传感器不能倒置),用磁性表支架将非接触式电涡流位移传感器固定在简支梁上方,并与梁表面保持一定间隙。当压电加速度传感器为电荷输出型时,传感器必须通过电荷放大器与采集器通道 1 连接,当压电加速度传感器为电压输出型(ICP)时,将传感器直接连到采集器的通道 1,电涡流位移传感器通过配套的变换器与采集器通道 2 相连,速度传感器的输出直接接到采集器通道 3。

(3)仪器参数设置。在检查测试系统连接无误的情况下,打开采集器电源开关,双击计算机显示器上的分析软件,进入数采分析主界面后,设置采样频率、触发方式、时域点数等,在通道参数设置一栏选择加速度传感器、速度传感器和位移传感器的工程单位、输入它们的灵敏度、选择量程范围、输入方式及滤波器上限频率。

输入方式选择:

电荷输出型压电传感器　　　AC

电压输出型压电传感器　　　ICP

磁电式速度传感器	AC
电涡流位移移传感器	SIN_DC

打开三个窗口,在数据显示窗口内点击鼠标右键,分别显示通道1的加速度波形、通道2的位移波形和通道3的速度波形。

(4)采集并显示数据。对各通道信号进行平衡、清零后,调节扫频信号源的输出电压到300 mV,输出频率为f_1,当梁产生稳态振动时,采集信号,在显示窗口观测各通道振动波形,若波形正常则停止采样,由光标读取各通道波形的最大和最小峰值,两者绝对值相加后除二,即可获得各测点的位移、速度、加速度幅值,将测量结果填入表一。

(5)将加速度传感器分别与位移传感器和速度传感器装到同一点上(装在梁的下方),在激励频率和电压不变时,分别测量同一测点的位移和加速度及同一测点的速度和加速度幅值。将测量结果分别填入表二和表三。

(6)将激励频率调整到f_2,保持激励电压不变,重复测量过程(4)和(5)。

六、实验结果与分析

(1)由表一测量结果分析在激振力幅值不变时,为什么激励频率变化会引起简支梁同一测量点响应幅值的变化?

数据记录表一　(位移、速度、加速度传感器在不同测点)

频率 f	位移/mm	速度/(m/s)	加速度/(m/s²)

(2)表二、表三中,将同一测点的计算值与测量值进行比较,看它们的幅值是否满足前述的位移、速度和加速度幅值之间的关系?若不满足,请分析误差原因。

数据记录表二　(位移、加速度传感器在同一测点)

频率 f	位移/mm (测量值)	由测量加速度计算的位移值/mm	由测量位移计算的加速度值/(m/s²)	加速度/(m/s²) (测量值)

数据记录表三　(速度、加速度在同一测点)

频率 f	速度/(m/s) (测量值)	由测量加速度计算的速度值/(m/s)	由测量速度计算的加速度值/(m/s²)	加速度/(m/s²) (测量值)

实验二　用强迫振动法测量单自由度系统固有频率和阻尼比

一、实验目的

(1)学会测量单自由度系统强迫振动的幅频特性曲线。

(2)掌握根据幅频特性曲线确定系统固有频率和阻尼比的方法。

二、实验系统框图

实验系统框图如图 2-2 所示。

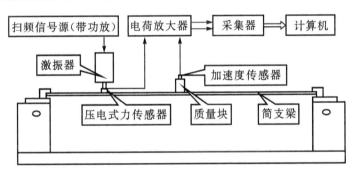

图 2-2　实验系统框图

三、实验原理

单自由度系统的力学模型如图 2-3 所示。

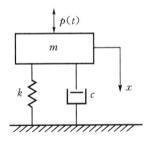

图 2-3　单自由度系统的力学模型

在简谐激振力作用下,系统将做同频率的简谐强迫振动。设激振力的力幅为

F_0，激励频率为 $f = \dfrac{\omega}{2\pi}$，则系统的运动微分方程式为

$$m\ddot{x} + c\dot{x} + kx = p$$

式中：m 为振动系统的质量；

$\quad c$ 为阻尼系数；

$\quad k$ 为等效刚度系数。

定义：$\omega_0^2 = \dfrac{k}{m}$ 为系统固有圆频率，$\zeta = \dfrac{c}{2\sqrt{km}}$ 为系统阻尼比，则运动方程为

$$\ddot{x} + 2\zeta\omega_0\dot{x} + \omega_0^2 x = p/m$$

令 $p = F_0\sin\omega t$，则方程的特解为

$$x = B\sin(\omega - \varphi) = B\sin(2\pi f - \varphi)$$

式中：B 为强迫振动振幅；

$\quad f$ 为振动频率；

$\quad \varphi$ 为相位差。

且

$$B = \frac{F_0/m}{\sqrt{(\omega_0^2 - \omega^2)^2 + 4\zeta^2\omega_0^2\omega^2}}$$

则

$$\frac{B}{F_0} = \frac{1}{m} \cdot \frac{1}{\sqrt{(\omega_0^2 - \omega^2)^2 + 4\zeta^2\omega_0^2\omega^2}}$$

上式称为系统的幅频特性，其幅频特性曲线如图 2-4 所示。

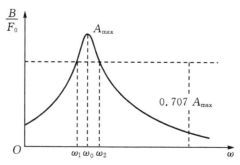

图 2-4　单自由度系统振动的幅频特性曲线

根据振动理论，幅频特性曲线上幅值极大值点所对应的频率称为共振频率。当使用位移、速度和加速度传感器进行测量时，测出的共振频率会有所不同，位移共振频率 ω_x、速度共振频率 ω_v、加速度共振频率 ω_a 与系统固有频率的关系分别为

$$\omega_x = \omega_0\sqrt{1 - 2\zeta^2}$$

$$\omega_v = \omega_0$$

$$\omega_a = \omega_0 \sqrt{1 + 2\zeta^2}$$

由上式可见,位移共振频率 ω_x 总是小于系统的固有频率 ω_0,速度共振频率 ω_v 在数值上与固有频率 ω_0 相等,而加速度共振频率 ω_a 总是大于系统的固有频率 ω_0,阻尼越小三者越靠近,因此,在小阻尼情况下可以采用 ω_x、ω_v 和 ω_a 作为 ω_0 的估计值。

系统的阻尼比可以采用半功率点的方法计算。由振动理论可知,$0.707 A_{max}$ 所对应的两个频率分别为半功率点频率 ω_1、ω_2,则阻尼比为

$$\zeta = \frac{\omega_2 - \omega_1}{2\omega_0} = \frac{f_2 - f_1}{2f_0}$$

四、实验方法

1. 安装激振器和质量块

把激振器安装在支架上,并保证激振器顶杆对简支梁有一定的预压力(不要超过激振杆上的红线标识),用专用连接线连接激振器和信号源输出接口。将质量块安装在梁的中心位置,这样质量块与梁就构成了一个单自由度系统。

2. 连接测试系统

将力传感器串接在激振器和简支梁之间,加速度传感器放置在质量块上。力传感器的输出信号经电荷放大器接到采集器的通道 1。加速度传感器(电荷输出型)输出信号经电荷放大器接到采集器的通道 2。

3. 仪器设置

检查系统连接后,打开各仪器电源,双击分析软件,设置采样频率、量程范围、工程单位、传感器灵敏度等参数,开两个显示窗口,在数据显示窗口内点击鼠标右键,选择信号,分别选择显示时间波形 1 和 2,在进行平衡、清零后,开始采集数据。

4. 记录数据

调节扫频信号源的输出电压到 300 mV,从低频向高频以合适的频率间隔改变输出频率,同时记录各频率点的加速度响应幅值,直到系统出现共振。注意在系统接近共振时,应减小扫频间隔,使共振峰附近测试点数尽可能增加,并将振动幅值及对应频率填入表中。

五、实验结果分析

(1)实验数据记录在下表中。

频率/Hz										
振幅/(m/s²)										
频率/Hz										
振幅/(m/s²)										

(2)根据表中的实验数据绘制系统强迫振动的幅频特性曲线。

(3)确定系统固有频率 f_0。

(4)计算阻尼比 ζ。

实验三 用自由衰减法测量单自由度系统固有频率和阻尼比

一、实验目的

(1)了解单自由度自由衰减振动的有关概念。

(2)学会用分析仪记录单自由度系统自由衰减振动的波形。

(3)掌握由自由衰减振动波形确定系统固有频率和阻尼比的方法。

二、实验系统框图

实验系统框图如图 2-5 所示。

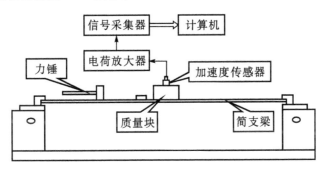

图 2-5 实验系统框图

三、实验原理

给系统(质量 m)一初始扰动,系统作自由衰减振动,其运动微分方程式为

$$m\ddot{x} + c\dot{x} + kx = 0$$

上式两边除以质量 m ,得

$$\ddot{x} + 2\zeta\omega_0\dot{x} + \omega_0^2 x = 0$$

式中: $\omega_0^2 = \dfrac{k}{m}$ 为系统固有圆频率;

$\zeta = \dfrac{c}{2\sqrt{km}}$ 为系统阻尼比。

当阻尼为欠阻尼时,上述方程的解为

$$x = A\mathrm{e}^{-\zeta\omega_0 t}\sin(\omega_\mathrm{d} t + \varphi)$$

式中:A 为振动振幅；

φ 为初相角；

ω_d 为有阻尼固有圆频率,且 $\omega_\mathrm{d} = \omega_0\sqrt{1-\zeta^2}$。

设 $t = 0$ 时, $x = x_0$, $\dot{x} = \dot{x}_0$,则

$$A = \sqrt{x_0^2 + \frac{(\dot{x}_0 + \zeta\omega_0 x_0)^2}{\omega_\mathrm{d}^2}}$$

$$\tan\varphi = \frac{x_0\omega_\mathrm{d}}{\dot{x}_0 + \zeta\omega_0 x_0}$$

其自由衰减时间历程曲线如图 2-6 所示。

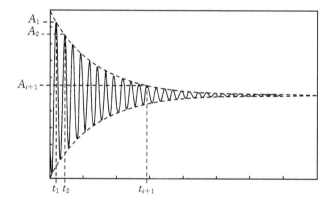

图 2-6 自由衰减曲线

由图可知,阻尼的存在对自由振动的影响表现在两个方面,一方面是使振动频率发生变化,另一方面是使振幅衰减。记 T 为无阻尼时的振动周期,则有阻尼时的振动周期为

$$T_\mathrm{d} = \frac{2\pi}{\omega_\mathrm{d}} = \frac{2\pi}{\omega_0\sqrt{1-\zeta^2}} = \frac{T}{\sqrt{1-\zeta^2}}$$

无阻尼固有频率与有阻尼时振动周期之间的关系为

$$f_0 = \frac{1}{T} = \frac{1}{T_\mathrm{d}\sqrt{1-\zeta^2}}$$

由于振幅按指数规律衰减,定义减幅系数为

$$\eta = \frac{A_i}{A_{i+1}} = \frac{A\mathrm{e}^{-\zeta\omega_0 t_i}}{A\mathrm{e}^{-\zeta\omega_0(t_i+T_\mathrm{d})}} = \mathrm{e}^{\zeta\omega_0 T_\mathrm{d}}$$

对数减幅系数为

$$\delta = \ln\eta = \ln\frac{A_i}{A_{i+1}} = \zeta\omega_0 T_d$$

对数减幅系数也可以用相隔 n 个周期的两个振幅之比来计算

$$\delta = \frac{1}{n}\ln\frac{A_i}{A_{i+n}} = \frac{2\pi\zeta}{\sqrt{1-\zeta^2}}$$

则

$$\zeta = \frac{\ln\dfrac{A_i}{A_{i+n}}}{\sqrt{4\pi^2 n^2 + (\ln\dfrac{A_i}{A_{i+n}})^2}}$$

当 ζ 较小（<0.3）时，上式可近似为

$$\zeta = \frac{1}{2\pi n}\ln\frac{A_i}{A_{i+n}}$$

四、实验方法

（1）将质量块安装在简支梁的中心位置，加速度传感器安装在质量块上，测试系统按框图连接好。

（2）打开仪器电源，进入分析软件，设置采样频率、量程范围、工程单位和灵敏度等参数，在数据显示窗口内点击鼠标右键，选择信号，选择时间波形，在进行平衡、清零后，开始采集数据。

（3）测试和处理：用锤或手敲击简支梁使其产生自由衰减振动。记录质量块与简支梁构成的单自由度系统自由衰减振动波形，然后设定 i，利用双光标读出 n 个周期经历的时间 Δt，则 $T_d = \Delta t/n$；再测出相距 n 个周期的振幅值 A_i 和 A_{i+n}，按公式计算出阻尼比 ζ，再按固有频率计算公式算出 f_0。

五、实验结果与分析

（1）记录单自由度自由衰减振动波形图。

（2）根据实验数据按公式计算出固有频率和阻尼比，计算结果填入下表。

时间 Δt	周期数 n	周期 T_d	A_i	A_{i+n}	阻尼比 ζ	固有频率 f_0

实验四 用共振法测量多自由度系统各阶固有频率及振型

一、实验目的

(1)学会用共振法确定三自由度系统的各阶固有频率。

(2)观察三自由度系统的各阶振型。

(3)将实验所测结果与理论计算值进行比较。

二、实验系统框图

实验系统框图如图2-7所示。

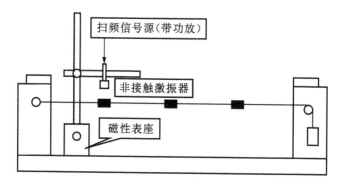

图2-7 实验系统框图

三、实验原理

将三个钢质量块 m_A、m_B、m_C($m_A = m_B = m_C = m$)固定在钢丝绳四等分点上,钢丝绳的长度为 L,其张力 T 可用不同重量的重锤来调节。由振动理论可知,这是一个三质量运动系统,当在 m_A 上作用一简谐波振力时,系统的运动微分方程为

$$M\ddot{x} + Kx = P(t)$$

式中:质量矩阵

$$M = \begin{bmatrix} m & 0 & 0 \\ 0 & m & 0 \\ 0 & 0 & m \end{bmatrix}$$

刚度矩阵

$$K = \frac{T}{L}\begin{bmatrix} 8 & -4 & 0 \\ -4 & 8 & -4 \\ 0 & -4 & 8 \end{bmatrix}$$

位移向量

$$x = \begin{bmatrix} x_1 \\ x_2 \\ x_3 \end{bmatrix}$$

激振力向量

$$P(t) = \begin{bmatrix} p(t) \\ 0 \\ 0 \end{bmatrix}$$

系统各阶固有频率为

一阶固有频率

$$\omega_1{}^2 = 2.343 \frac{T}{mL} \qquad\qquad f_1 = \frac{1.531}{2\pi}\sqrt{\frac{T}{mL}}$$

二阶固有频率

$$\omega_2{}^2 = 8 \frac{T}{mL} \qquad\qquad f_2 = \frac{2.828}{2\pi}\sqrt{\frac{T}{mL}}$$

三阶固有频率

$$\omega_3{}^2 = 13.656 \frac{T}{mL} \qquad\qquad f_3 = \frac{3.695}{2\pi}\sqrt{\frac{T}{mL}}$$

各阶主振型为

$$A(1) = \begin{bmatrix} 1 \\ \sqrt{2} \\ 1 \end{bmatrix} \qquad A(2) = \begin{bmatrix} 1 \\ 0 \\ -1 \end{bmatrix} \qquad A(3) = \begin{bmatrix} 1 \\ -\sqrt{2} \\ 1 \end{bmatrix}$$

对于三自由度系统,有三个固有频率,系统在任意初始条件下的响应是三个主振型的叠加(见图2-8)。主振型与固有频率一样只决定于系统本身的物理性质,而与初始条件无关。测定系统的固有频率时,只要连续调整激振频率,使系统出现某阶共振且振幅达到最大,此时的激振频率即是该阶固有频率。

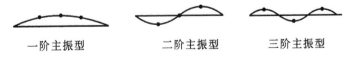

一阶主振型　　　　　　二阶主振型　　　　　　三阶主振型

图 2-8　三自由度系统的主振型

四、实验方法

（1）安装激振器。把非接触激振器安装在磁性表座上，并让非接触激振器与质量块距离在 10～15 mm（如图 2-7 所示），以保证振动时激振器不碰撞质量块，用专用连接线连接激振器和信号源输出接口。

（2）开启信号源的电源开关，将信号源的输出电压调节到 300 mV，由低到高逐渐增加扫频信号源的输出频率，当观察到系统出现如图 2-8 所示的第一阶振型且振幅最大时，激振信号源显示的频率就是系统的一阶固有频率 f_1。依此下去，可得到二阶、三阶固有频率 f_2 和 f_3 以及第二阶、第三阶振型。

（3）更换不同的质量块，使钢丝产生不同张力，重复以上各步，测量系统的三阶固有频率。

五、实验结果与分析

（1）计算参数：弦上集中质量 $m=0.0045$ kg，弦丝长度 $L=0.625$ m。

（2）不同张力下各阶固有频率的理论计算值与实测值。

弦丝张力	$T=1\times9.8$		(N)	$T=2\times9.8$		(N)
固有频率	f_1	f_2	f_3	f_1	f_2	f_3
理论值						
实测值						

（3）绘出观察到的三自由度系统振型曲线。

（4）将理论计算出的各阶固有频率、理论振型与实测固有频率、振型相比较，分析产生误差的原因。

实验五　用敲击法测量结构的固有频率

一、实验目的

(1)了解用敲击法测量结构固有频率的基本原理。
(2)学会利用李萨如图形法测量结构的固有频率。
(3)掌握相对式速度传感器的工作原理和使用方法。

二、实验系统框图

实验系统框图如图 2-9 所示。

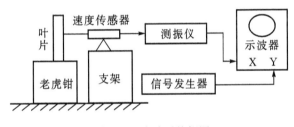

图 2-9　实验系统框图

三、实验原理

　　在工业中,常需要确定振动系统的第一阶固有频率。使用敲击法易激起系统的一阶振动分量,利用李萨如图形法就能确定其固有频率值。此法特别适用于低值一阶固有频率测定。该实验以工业汽轮机叶片作为测试对象,用手或木榔头敲击,用电动式速度传感器作为转换元件,将速度传感器输出信号送入测振仪,经放大后接到示波器的 X 轴,由扫频信号源输出的信号接入示波器的 Y 轴,用手或木制榔头多次敲击叶片,并调节信号发生器的频率,当信号发生器频率与叶片自振频率相等时,显像管上将显示一个衰减的圆(椭圆或一斜直线),读取此时信号发生器的频率,就是叶片的第一阶固有频率。

四、实验步骤

　　(1)将叶片用夹具固定好,选择一个合适位置装好传感器,对于顶杆式传感器,应使传感器的顶杆压进其行程的一半(即要有一定的预压力)。

（2）按测试框图连接好系统,仪器经检查后接通电源。

（3）用手或榔头轻敲叶片的适当部位,此时显像管上将显示一些杂乱的波形,搜索调节信号发生器的频率旋钮,使显像管出现一个圆、椭圆或斜直线。由于是瞬态激发,显像管上的图形是逐渐衰减的,但经过多次敲击和搜索后,显像管上将出现一个比较清晰的衰减的圆、椭圆或斜直线。

（4）记录此时信号发生器的频率,就得到了叶片的第一阶固有频率。

五、思考题

（1）改变叶片的安装条件,能否得到同样的结果?

（2）用此法能测出叶片的第二阶固有频率吗?

（3）能否用其它方法测出叶片的固有频率?

实验六　冲击运动测量

一、实验目的

(1)掌握冲击力和冲击加速度幅值大小及持续时间的调整方法。
(2)了解冲击运动信号的特点。
(3)学会冲击运动信号测量系统的选择方法。
(4)掌握采样定理及加窗技术和功率谱的测量与分析方法。

二、实验系统框图

实验系统框图如图 2-10 所示。

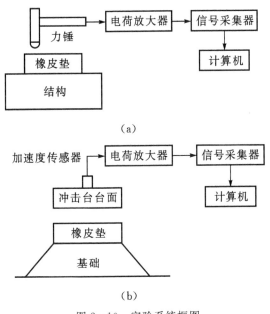

（a）

（b）

图 2-10　实验系统框图

三、实验原理

　　冲击是一种能量传递过程。在日常生活和工程实际中有很多冲击现象,如各种爆炸、跌落、敲击、撞击等。要测准、测好冲击信号,掌握冲击信号的特点是非常重要的。冲击信号可分为理想冲击信号和复杂冲击信号,其共同特点是过程发生比较突然，持续时间比较短暂，能量比较集中。

理想冲击信号是指能用简单的数学公式精确描述的脉冲信号，如矩形冲击脉冲、梯形冲击脉冲、三角形冲击脉冲、前峰和后峰锯齿冲击脉冲、半正弦和余弦冲击脉冲、钟形冲击脉冲等。在时域，一般用以下术语来描述冲击信号的特性。

①冲击峰值：指冲击时间内运动量偏离基准线的最大值。

②冲击脉冲持续时间：指冲击脉冲从基准线上升到最大值，再下降到基准值所需要的时间。对实测脉冲通常取最大值的10%作为基准值。

③脉冲上升时间：指冲击脉冲从基准线上升到较大值所需要的时间，对实测脉冲通常取最大值的90%作为较大值。

④脉冲下降时间：指冲击脉冲从较大值下降到基准值所需要的时间。

⑤冲击能量：指脉冲信号的平方在脉冲时间内的积分。

⑥冲量：指脉冲信号在脉冲时间内的积分。

借助于傅里叶积分可以将脉冲信号从时域变换到频域。以方波为例（见图 2-11），其幅频和相频曲线如图 2-12 所示。

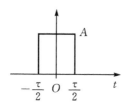

图 2-11　方波信号

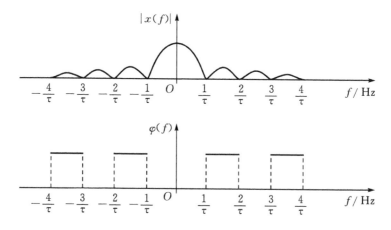

图 2-12　方波信号的幅频和相频曲线

由方波的频谱图可以看出:冲击信号的频谱是连续谱,它不同于周期信号的离散谱;谱密度值随着频率的增加越来越小,谱密度的直流分量及低频分量很大;频谱范围分布在负无穷到正无穷频率轴上。对同一种脉冲信号,脉冲持续时间越小,则频谱分布范围越宽。由此可见,要全部测准脉冲信号是不可能的,因为任何测试系统都不可能具有零到无穷的测量频带。因此在工程实际中,常规定脉冲信号的持续时间为绝大部分能量集中的那段时间。同样地,脉冲信号的频谱宽度也是规定为绝大部分能量集中的那段频段,一般规定占脉冲信号总能量90%的频带作为频谱宽度。

当测量系统的低频或高频响应不好时,对冲击信号的测量总要带来误差。以矩形脉冲为例,传感器或者测试系统的低频响应不足时,矩形脉冲峰值就不能保持。高频响应不足时,测试系统就不可能跟上信号的快速变化。且测试系统的低频和高频响应不足都将带来"负冲"和"零漂"。

本实验的冲击力是由装有力传感器的力锤产生,冲击加速度由冲击试验台产生。冲击力和冲击加速度经压电式力传感器和压电式加速度传感器转换后接入信号分析仪,由分析仪采集到的时域信号确定冲击峰值和持续时间,由频域分析测量冲击信号的功率谱。

四、实验步骤

1.冲击力的测量

①按图 2-10(a)连接测量系统,将力锤的力传感器输出信号接入电荷放大器输入,电荷放大器输出接到采集器输入通道1。

②检查电路连接是否正确,打开电源,使各仪器处于工作状态。

③双击分析软件,开两个显示窗口,在数据显示窗口内点击鼠标右键,选择信号,其中一个窗口选择时间波形,另一个窗口选择自功率谱分析。设置力传感器的电荷灵敏度值、量程范围。

④分析参数设置:

采样频率:2 kHz;

采样方式:瞬态;

触发方式:信号触发;

信号延时:-200;

频域点数:800;

窗函数:力窗。

⑤进行平衡、清零后,开始采集数据。在结构上垫一橡皮垫并用装有塑料敲击

头的力锤进行敲击,先预测试一次,观测时域记录波形,看各仪器是否有过载、增益是否合适。

⑥正式测量,记录冲击力波形,测量冲击峰值和持续时间,并测量其功率谱。

⑦拿掉橡皮垫,用力锤在结构上敲击,先预测试一次,观测时域记录波形,看各仪器是否有过载、增益是否合适,然后进行正式测量。

⑧更换力锤敲击头材料分别为铝和钢,同样在结构上敲击,记录冲击波形并测量。

⑨在保持力锤敲击头与被敲结构材料不变时,将采样频率分别选择为 5 kHz 和 10 kHz,其它设置不变,记录冲击力波形,确定冲击峰值和持续时间,测量其功率谱。

2. 冲击加速度测量

①把加速度传感器正确安装在冲击台面上,将它与电荷放大器输入端通过低噪声电缆连接。连接之前先将加速度传感器输出短路,释放电荷,防止把电荷放大器输入端击穿。

②按图 2-10(b)连接系统。

③将加速度传感器输出信号接入电荷放大器输入,电荷放大器输出接到采集器通道 1。

④采集器参数设置与冲击力测量相同,在冲击试验机基础台面上加一橡皮垫。

⑤启动冲击试验机,将冲击台面提升到一定高度,然后让其自由下落,同时记录冲击加速度波形,并测量冲击峰值和持续时间,测量其功率谱。

⑥改变冲击台面下落高度,记录冲击加速度波形,并测量冲击峰值和持续时间,测量其功率谱。

⑦保持冲击台面下落高度不变,在原有橡皮垫上再加两个橡皮垫,释放冲击台面,记录冲击加速度波形,并测量冲击峰值和持续时间,测量其功率谱。

五、思考题

(1)测量系统的低频特性不足,对记录冲击波形有何影响?

(2)电荷放大器的作用是什么?

(3)对一实际记录波形,怎样确定持续时间比较合适?

(4)改变采样频率后,记录的冲击力和冲击加速度波形有何变化,冲击力的自功率谱有何变化?

(5)改变力锤敲击材料或改变被敲结构材料时,冲击峰值与脉宽将如何变化?

六、实验结果与分析

表一　不同采样频率时冲击力测量结果

采样频率	冲击力峰值	冲击力脉宽	冲击力自谱主频宽度
2 kHz			
5 kHz			
10 kHz			

表二　不同材料敲击头敲击时冲击力测量结果

敲击头	冲击力峰值	冲击力脉宽	冲击力自谱主频宽度
塑料			
铝			
铜			

表三　被敲结构发生变化时冲击力测量结果

被敲材料	冲击力峰值	冲击力脉宽	冲击力自谱主频宽度
垫橡皮垫			
没有垫橡皮垫			

表四　冲击台面下落高度改变时冲击加速度测量结果

冲击高度	冲击加速度峰值	脉宽	自谱主频宽度
h_1			
h_2			
h_3			

表五　橡皮垫厚度改变时冲击加速度测量结果

橡皮垫厚度	冲击加速度峰值	脉宽	自谱主频宽度
1 个橡皮垫			
3 个橡皮垫			

实验七　用共振法测量简支梁的固有频率、阻尼比和振型

一、实验目的

(1)掌握用共振法测量连续体结构振动系统一、二、三阶固有频率、阻尼比及振型的基本原理与方法。

(2)初步学会怎样在振动系统选择激振点与测量点。

(3)比较测定值与理论计算值，分析误差原因。

二、实验系统框图

实验系统框图如图 2-13 所示。

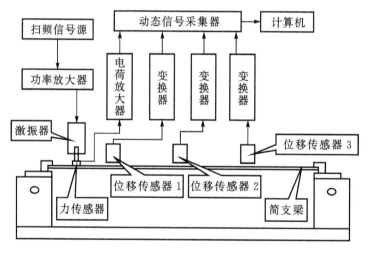

图 2-13　实验系统框图

三、实验原理

对于振动系统，经常要测定其固有频率，最常用的方法就是用简谐信号激振，引起系统共振，从而找到系统的各阶固有频率。本实验中采用单点激振，分别使振动系统处于各阶共振响应状态，测定共振频率、振型，而阻尼比则借助它相应各阶自由衰减过程或半功率点的方法确定。此法在系统各阶固有频率比较分离、阻尼比值比较小时，测试值可以达到较高精度。

当单自由振动系统受简谐信号激励时,其运动方程为

$$m\ddot{x} + c\dot{x} + kx = F_0 \sin\omega t$$

方程式的解由自由振动解 x_1 和强迫振动解 x_2 两部分组成:

$$x_1 = x_{01} e^{-\zeta\omega_0 t} \sin(\omega_d t + \varphi)$$

式中: $\omega_d = \omega_0 \sqrt{1-\zeta^2}$。

由于阻尼的存在,自由振动解随时间逐渐消失,最后只剩下强迫振动部分,即

$$x_2 = x_{02} \sin(\omega t - \varphi)$$

式中,

$$x_{02} = \frac{F_0/m}{\sqrt{(\omega_0^2 - \omega^2)^2 + (2\zeta\omega\omega_0)^2}} \ , \ \varphi = \arctan\frac{2\zeta\omega_0}{\omega_0^2 - \omega^2}$$

当强迫振动频率和系统固有频率相等时,响应幅值迅速增加,相位也有明显变化。通过对这两个参数进行测量,我们可以判别系统是否达到共振点,从而确定出系统的各阶共振频率。共振状态的判别可采用幅值和相位两种方法。

1. 幅值判别法

在激振功率输出不变的情况下,由低到高调节激振器的激振频率,通过振动曲线,可以观察到在某一频率下,振动幅值迅速增加,这说明系统已处在共振状态,激励信号频率与系统共振频率相等。这种方法简单易行,但在阻尼较大的情况下,不同的测量方法与测量系统测量出的共振频率稍有差别。

2. 相位判别法

相位判别是根据共振时激振力与响应信号之间特殊的相位值以及共振前后相位变化规律所提出来的一种共振判别法。在简谐信号激振情况下,用相位法来判定共振是一种较为敏感的方法,而且共振时的频率就是系统的无阻尼固有频率,可以排除阻尼因素的影响。当测量传感器不同时,可采用不同的判别方法。

(1)位移判别法。将激振信号输入到采集器的通道 1(即 x 轴),位移传感器输出信号输入采集器的通道 2(即 y 轴),此时两通道的信号分别为

激振信号: $\qquad\qquad F = F_0 \sin\omega t$

位移信号: $\qquad\qquad x = x_0 \sin(\omega t - \varphi)$

共振时,$\omega = \omega_n$,力信号和位移信号的相位差为 $\frac{\pi}{2}$。根据李萨如图形原理,显示器上的图像将是一个正椭圆。当 ω 略大于 ω_n 或略小于 ω_n 时,图像都将由正椭圆变为斜椭圆,其变化过程如图 2-14 所示。因此,图像由斜椭圆变为正椭圆时的频率就是振动系统的固有频率。

$$\omega<\omega_n \qquad \omega=\omega_n \qquad \omega>\omega_n$$

图 2-14　用位移判别法测共振时李萨如图形的变化

(2)速度判别法。将激振信号输入到采集器的通道 1(即 x 轴),速度传感器输出信号输入到采集器的通道 2(即 y 轴),此时两通道的信号分别为

激振信号:
$$F = F_0 \sin\omega t$$

速度信号:
$$\dot{x} = x_0\omega\sin\left(\omega t - \varphi + \frac{\pi}{2}\right)$$

共振时,$\omega = \omega_n$,$\varphi = \dfrac{\pi}{2}$,x 轴信号和 y 轴信号的相位差为 0。根据李萨如图形原理,显示器上的图像将是一条直线。当 ω 略大于 ω_n 或略小于 ω_n 时,图像都将由直线变为斜椭圆,其变化过程如图 2-15 所示。因此,图像由斜椭圆变为直线时的频率就是振动系统的固有频率。

$$\omega<\omega_n \qquad \omega=\omega_n \qquad \omega>\omega_n$$

图 2-15　用速度判别法测共振时李萨如图形的变化

(3)加速度判别法。将激振信号输入到采集器的通道 1(即 x 轴),加速度传感器输出信号输入到采集器通道 2(即 y 轴),此时两通道的信号分别为

激振信号:
$$F = F_0 \sin\omega t$$

加速度信号:
$$\ddot{x} = x_0\omega^2\sin(\omega t - \varphi + \pi)$$

共振时,$\omega = \omega_n$,$\varphi = \dfrac{\pi}{2}$,x 轴信号和 y 轴信号的相位差为 $\dfrac{\pi}{2}$,根据李萨如图形原理,显示器上的图像将是一个正椭圆。当 ω 略大于 ω_n 或略小于 ω_n 时,图像都将由正椭圆变为斜椭圆,其变化过程如图 2-16 所示。因此,图像由斜椭圆变为正椭圆时的频率就是振动系统的固有频率。

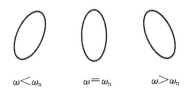

图 2-16　用加速度判别法测共振时李萨如图形的变化

四、仪器参数设置

打开采集器的电源开关,双击分析软件,进入数采分析软件的主界面,设置采样频率、量程范围,输入位移传感器的灵敏度。位移传感器输入方式选 SIN_DC。

打开七个窗口,分别显示三个位移通道和一个力通道的时间信号及力与位移响应 1,位移响应 1 与位移响应 2、位移响应 1 与位移响应 3 之间的李萨如图形。

五、实验步骤

(1)选择激振点在靠近简支端的位置,安装激振器。在梁的四等分点上用磁性表座安装三个电涡流位移传感器。

(2)按测试框图连接好系统。检查后接通电源,预热各仪器。

(3)调整位移传感器的初始间隙,保证传感器具有较大的线性动态测量范围。

(4)用共振响应法测量简支梁的固有频率。

给电动式激振器输入变频恒流正弦扫频信号,使激振器产生一幅值恒定的正弦波激振力并作用在梁上。从低到高调节激振力的频率,观测激振力与位移响应 1 之间的相位差,并辅助观测各响应点的幅值。当李萨如图形为正椭圆时,表示位移响应信号与激振力信号的相位差为 90°。根据位移判别法,说明此时梁已处在共振状态,且激振力的频率就等于梁的某一阶固有频率。由于激励频率是从低往高变化的,则第一次出现共振时,激励频率就是梁的第一阶固有频率。这时也可通过观察各响应点之间的相位,来判断属第几阶共振。

(5)当梁处在共振状态时,测量各点的响应幅值及各点之间的相位,就能确定其振型。

(6)阻尼比的测量可以采用两种方法:一是自由衰减法,先让梁处于某阶共振状态,然后将激振力突然关掉,此时梁上各响应点将按该阶固有振动作自由衰减,记录各点的自由衰减运动曲线,计算阻尼比值;二是半功率点法,先让梁处于某阶共振响应状态,记录此时的激振频率值 f_i 和一个响应点的幅值 A_{ii},并将该幅值乘以 0.707,将激振频率向低于共振频率方向微调,当同一响应点的幅值等于所计算的值时，记录此时激振频率 f_{i1} 值；再将激振频率向高于共振频率方向微调，当同一响应点的幅值等于所计算的值时，记录此时激振频率 f_{i2} 值，此时阻尼比可由下式计算：

$$\zeta = \frac{f_{i2} - f_{i1}}{2f_i}$$

六、实验结果与分析

1.实验数据

阶数	频率	位移1	位移2	位移3	各响应点之间的相位	
					1—2	1—3
1						
2						
3						

2.理论计算

根据所给简支梁的参数，计算其固有频率理论值。

3.数据处理

(1)根据实验数据计算简支梁的第一、二、三阶阻尼比；

(2)画出简支梁的第一、二、三阶振型；

(3)与理论值作比较，分析误差的原因。

七、思考题

(1)激振点选择的基本原则是什么？怎样合理选择激振点？

(2)能否用"共振响应法"测出梁的高阶固有频率？

(3)阻尼比除用上述两种方法测量外，还有没有其它的测量方法？

附：简支梁参数：$l = 60$ cm，$h = 0.5$ cm，$b = 5.2$ cm，$E = 2.1 \times 10^6$ kg/cm²，$\rho = 7.8 \times 10^3$ kg/m³。

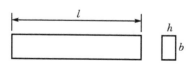

实验八　传感器测量系统的校准

一、实验目的

(1)了解校准工作在测量工作中的重要性。

(2)掌握用绝对法和比较法校准传感器测量系统的灵敏度、线性度、频率特性的方法。

(3)了解电动式振动台的工作原理及使用方法。

二、实验系统框图

实验系统框图如图 2－17 所示。

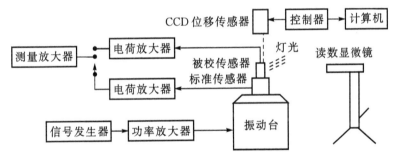

图 2－17　实验系统框图

三、实验原理与方法

在振动与冲击测量中,为了保证测试结果的正确性和统一性,满足一定的测量精度要求,所用的传感器、测量仪器、试验设备都要定期进行校准,在有些情况下还要在试验前后(特别是一些重大的或不可重复的试验)进行校准。其校准内容主要有:灵敏度、频率特性、幅值线性度、横向灵敏度以及其它环境特性参数。这里介绍两种校准方法。

1.绝对法

将被校传感器刚性连接在电动式振动台上,其输出与相应测振仪相连,并在传感器上贴一小块细砂纸或反光线。将振动台振动频率调到 20～40 Hz 并保持不变,调节信号源或功率放大器输出增益,可改变振动台振动位移大小。传感器输入,即振动台的振动位移,由读数显微镜或激光位移传感器测定,传感器输出可从相应测振仪上读取,这样就可得到被校传感器测量系统的线性度。

2.比较法

常用此法校准传感器及测量系统的灵敏度和频率响应。将被校传感器和标准传感器背靠背刚性连接在电动式振动台上,并与各自的测量系统相连。调节振动台的振动频率和振动加速度,使标准传感器系统的输出在各振动频率下维持不变(即被校传感器系统的输入不变),读取相应频率下被校传感器测量系统的输出,就可得到其幅频特性。

四、实验步骤

1.用比较法校准传感器的灵敏度

(1)将标准压电加速度传感器和被校传感器背靠背刚性连接在电动式振动台上。

(2)按照实验框图连接各测试系统,将信号发生器输出增益和功率放大器增益调到最小。

(3)严格按振动台的启动程序开启振动台,接通各仪器电源。

(4)根据标准传感器的电荷灵敏度设置与之相连接的电荷放大器的归一化旋钮,并注意电荷灵敏度的单位(一般为 pC/g 或 pC/(m/s²)),将电荷放大器的增益旋钮设置在 100 mV/unit(unit 为加速度的单位),将与被校传感器相连接的电荷放大器的增益旋钮也设置在 100 mV/unit。

(5)调节信号发生器的输出频率为 80 Hz 或 160 Hz,调节信号发生器输出增益,使标准传感器电荷放大器输出电压到 100 mV。此时,维持振动台振动加速度不变,测量被校传感器电荷放大器输出电压。若该电压小于 100 mV,就将电荷放大器的归一化旋钮值往小的方向调;若该电压大于 100 mV,就将归一化旋钮值往大的方向调,直到被校传感器电荷放大器输出电压等于 100 mV,这时电荷放大器的归一化旋钮值就是被校传感器的电荷灵敏度。

2.用比较法校准传感器的幅频特性

(1)完成灵敏度校准后,测试系统不变。

(2)将信号发生器输出频率从低往高改变,即改变振动台振动频率,在每个频率下通过调节信号发生器输出增益使振动台振动加速度维持某一固定值(即使标准传感器系统输出,如 100 mV 维持不变),记录相应频率下被校传感器系统输出电压。测量数据填入记录表一。

3.用绝对法校准传感器的线性度

(1)将被校加速度传感器安装在振动台台面上,并在传感器上贴一细砂纸或反光线。

(2)按照实验框图连接测试系统,将信号发生器输出增益和功率放大器增益调到最小。

(3)用台灯照亮砂纸,调整好读数显微镜,使砂纸上的一些亮点看得最清楚,这些亮点在振动时会形成一道道亮线,亮线的长度与振动台振动双峰值的比值为读数显微镜的放大倍数。

(4)将 CCD 激光位移传感器由磁性表座安装在振动台台面的上方,并与台面保持一定的间隙,激光位移传感器头必须与台面保持垂直。

(5)将信号发生器的输出频率调到 20 Hz,打开功率放大器增益到合适位置。调节信号发生器输出增益,使其在给定幅值范围内从小到大增加。每调一次幅值,由读数显微镜读取振幅值,或由激光位移传感器测量系统读取相应位移值,并由电压表读取被校传感器系统输出电压值。测量数据填入记录表二。

4.作图并分析

根据所得数据,作出被校系统的线性度和幅频特性曲线,并加以分析。

五、注意事项

(1)在调节振动台频率,特别是从高频往低频方向调节时,应调小或关掉信号发生器的输出增益,以免损坏振动台。

(2)在用读数显微镜读数时,应始终抓住一条亮线,不要换线读数。

(3)读数显微镜的放大倍数是 20。

六、思考题

(1)振动台的波形失真对测量结果有哪些影响?

(2)传感器在振动台上的安装位置对测量结果是否有影响?

七、实验结果记录与分析

(1)被校传感器电荷灵敏度。

表一　幅频特性测量数据

频率/Hz								
输出电压/mV								
频率/Hz								
输出电压/mV								
标准传感器系统输出电压：　　　　（mV）								

表二　线性度测量数据

输入位移 1/mm								
输入位移 2/mm								
输入加速度/(m/s²)								
输出电压/mV								
振动频率：　　　　（Hz）								

　　注：表二中，输入位移 1 是指用激光位移传感器测量的振动台位移；输入位移 2 是指用读数显微镜测量的振动台位移，如果用这一位移值计算加速度时，必须要除以 $2k$，其中 k 是读数显微镜的放大倍数；输入加速度幅值的计算可用实验一中的方法。

　　（2）绘制幅频特性与线性度曲线。

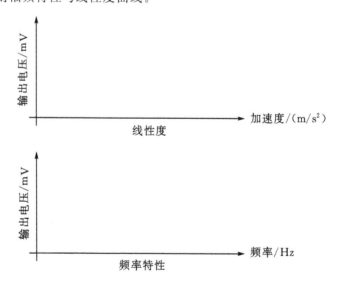

实验九　用正弦扫频、随机和敲击激励测量
简支梁的频率响应函数

一、实验目的

(1)了解正弦扫频、随机和敲击激励法的优缺点和使用方法。

(2)掌握频率响应函数的定义及测量方法。

(3)掌握使用不同激励信号激励时触发方式、平均方式及窗函数等选择方法。

二、实验系统框图

实验系统框图如图 2-18 所示。

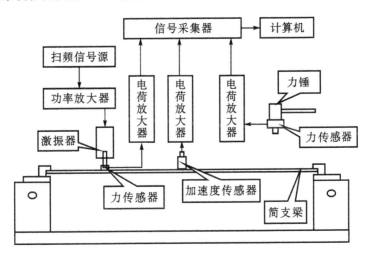

图 2-18　实验系统框图

三、实验原理

　　频率响应函数的测量是试验模态分析的核心,其测量质量将直接影响模态参数识别的精度。频率响应函数是指一个机械系统输出的傅立叶变换与输入的傅立叶变换的比值,对于单自由度系统,其频率响应函数为

$$H(\omega) = \frac{X(\omega)}{F(\omega)}$$

对于多自由度系统,它的频率响应函数为一矩阵,即

$$[H(\omega)] = \begin{bmatrix} H_{11} & H_{12} & \cdots & H_{1n} \\ H_{21} & H_{22} & \cdots & H_{2n} \\ \vdots & \vdots & & \vdots \\ H_{n1} & H_{n2} & \cdots & H_{nn} \end{bmatrix}$$

上式中的任一元素 H_{lp} 的表达式为

$$H_{lp}(\omega) = \frac{X_l(\omega)}{F_p(\omega)} = \sum_{r=1}^{n} \phi_{lr} \phi_{pr} H_r(\omega)$$

其中,l 为响应点,p 为激励作用点,H_{lp} 表示在 p 点作用单位力时,在 l 点所引起的响应,即 l 和 p 两点之间的频响函数。

根据模态分析原理,要识别结构的固有频率,只要测得频响函数矩阵中任何一个元素即可。但要识别所有模态参数时,必须测得频响函数矩阵中的一行或一列。由 H_{lp} 的表达式可知,要测量矩阵中的一行时,要求拾振点固定不变,轮流激励所有的点,即可求得 $[H(\omega)]$ 中的一行,这一行频响函数包含进行模态分析所需要的全部信息。而要测量 $[H(\omega)]$ 中任一列时,则激励点固定不变,而在所有点进行拾振,便可得到 $[H(\omega)]$ 中的一列,这一列频响函数也包含进行模态分析所需要的全部信息。在进行多点拾振时,若传感器足够多,且所有传感器质量加起来比试验物体的质量小很多时,就可安装多个传感器同时拾振,这样可以节省试验时间,且数据的一致性也好;但如果只有一只传感器时,则一个一个点进行测量,这样虽试验时间长一些,但试验成本较低,需保证激励信号的一致性。

在模态试验时,频率响应函数的估计有三种估算形式,它们分别为:

第一估算式 $$H_1(\omega) = \frac{G_{fx}(\omega)}{G_{ff}(\omega)}$$

第二估算式 $$H_2(\omega) = \frac{G_{xx}(\omega)}{G_{xf}(\omega)}$$

第三估算式 $$|H_a(\omega)|^2 = \frac{G_{xx}(\omega)}{G_{ff}(\omega)}$$

在没有噪声污染的理想情况下,这三种估算形式是等价的。实际上试验信号总会伴随噪声的存在,因此三种估算形式一般会有差异。当只有响应信号受到噪声污染时,第一估算式为频响函数的真估计,第二、第三估算式均为频响函数的过估计;当只有激励信号受到噪声污染时,第二估算式为频响函数的真估计,第一、第三估算式均为频响函数的欠估计;激励和响应信号都受到噪声污染时,第一估算式为频响函数的欠估计,第二估算式为频响函数的过估计,第三估算式接近频响函数的真估计。由三种情况可以看出,系统的频率响应函数是介于第一估算式和第二估算式之间,即

$$|H_1(\omega)| \leqslant |H(\omega)| \leqslant |H_2(\omega)|$$

目前,高精度动态信号分析仪能同时给出三种估算式,则它们可以相互校核。一般来说,在共振频率附近,响应信号强,激励信号弱,而弱信号的信噪比总是偏低,所以第二估算式比第一估算式更接近真值;而在反共振频率附近,响应信号较弱。激励信号较强,第一估算式比第二估算式更接近真值。

现有一些分析仪一般只给出第一估算式,为了保证频响函数测量的可靠性,应同时测量相干函数。相干函数 $\gamma(\omega)$ 无论输入信号还是输出信号受到噪声污染时,它的值均小于 1 而大于 0,即

$$0 \leqslant \gamma^2(\omega) = \frac{H_1(\omega)}{H_2(\omega)} \leqslant 1$$

相干函数是描述系统输入与输出相关性的一个函数,如果测量的相干函数值偏小,说明我们测量的响应信号不完全是由激励引起的,可能还存在其它的激励或干扰,这时应分析干扰的来源;若测量的相干函数值接近 1,则说明系统响应完全是由激励引起的。相干函数值的大小表明了频率响应函数的质量。一般情况下,在测量频响函数时,它的相干函数值应大于 0.8。

测量频率响应函数时,可采用多种激励方式:正弦扫频激励、随机激励、敲击激励等。

(1)正弦扫频包括稳态正弦扫频和快速正弦扫频两种激励方式。稳态正弦扫频是最普遍的激振方法,它是借助激振设备对被测对象施加一个频率可控的简谐激振力。这一扫频方式在扫描频带范围内,扫频信号将具有连续频谱,能激起该频带的所有振动模态。它的激振频率改变有两种方式,即线性扫频和对数扫频。若所关心的结构固有频率范围不大,可采用线性扫频;对于关心固有频率范围较大的情形,则采用对数扫频。扫频速度的控制也很重要,若扫描得太快,对于轻阻尼结构,可能会遗漏一些模态,因此频率的变化要尽可能慢,以使系统响应达到稳定状态。为了避免响应滞后引起幅频特性的峰值后移,可反复进行频率从低到高和从高到低的扫频激励,并取多次测量的平均。这种激励方式的优点是激振功率大,能量集中,信噪比高,能保证响应测试的精度,信号的频率和幅值易于控制,且当激励能量大小不同时,在非线性结构中将产生不同的频率响应函数,因而能检测出系统的非线性程度。其缺点是测试周期长,特别是小阻尼结构,不能通过平均消除系统非线性因素的影响,容易产生泄漏误差。

(2)随机激振是一种宽带激振,一般用纯随机、伪随机或猝发随机信号为激励信号。

①纯随机信号一般由模拟电子噪声发生器产生,经低通滤波器滤波后成为有限带宽白噪声,并在给定频带内具有均匀连续谱,可以同时激励该频带内所有模

态。白噪声的自相关函数是一个单位脉冲函数,即除 $\tau=0$ 处以外,自相关函数等于零,在 $\tau=0$ 时,自相关函数为无穷大,而其自功率谱密度函数幅值恒为1。实际测试中,当白噪声通过功放并控制激振器时,由于功放和激振器的通频带是有限的,所以实际的激振力频谱不能在整个频率域中保持恒值。纯随机信号优点是可以经过多次平均消除噪声干扰和非线性因素的影响,得到线性估算较好的频响函数;测试速度快,可做在线识别。其缺点是容易产生泄漏,虽然可以加窗控制,但会导致分辨率的降低,特别是小阻尼系统,激振力谱难以控制。

②伪随机信号是将白噪声在时间 T 内截断,然后按周期 T 重复所形成的一种激励信号。其自相关函数与白噪声的自相关函数相似,但由于它有一个重复周期 T,它的自相关函数在 $\tau=0,T,2T,\cdots$ 以及 $-T,-2T$,各点取值为 a^2,而在其余各点之值均为零。伪随机信号既具有纯随机信号的真实性,又因为有一定的周期性,在数据处理中避免了统计误差。伪随机信号优点是激励信号的大小和频率成分易于控制,测试速度快;如果分析仪的采样周期等于伪随机信号周期的整数倍,就可以消除泄漏误差。其缺点是由于信号的严格重复性,不能采用多次平均来减少噪声干扰和测试结构非线性因素的影响。

③猝发随机信号只在测量周期的初始一段时间输出信号,其占用时间可任意调节,以适应不同阻尼的结构。与连续随机信号不同的是,猝发随机激励时,能保证一个测量窗的响应信号完全由同一测量窗的激励信号引起,输入与输出相干性较好。而连续随机信号激励时,下一个测量窗的响应信号可能有一部分是由上一个测量窗的激励信号引起。猝发随机信号具有周期随机信号的全部优点,既具有周期性,又具有随机性,同时还具有瞬态性,测试速度较伪随机要快,是一种优良的激励信号。其缺点是为了控制猝发时间,需增加特殊硬件设备。

(3)敲击激励是采用一个装有传感器的锤子(又称脉冲锤)敲击被测对象,对被测对象施加一个力脉冲。脉冲的形成及有效频率取决于脉冲的持续时间。而持续时间则取决于锤端的材料,材料越硬,持续时间越小,则频率范围越大。这种激励方式优点是激振设备简单,价格低廉,使用方便,对工作环境适应性较强,特别适应于现场测试,激励频率成分与能量可大致控制,试验周期短,无泄漏。缺点是信噪比较差,特别是对大型结构,激励能量往往不足以激起足够大的响应信号,且在着力点位置、力的大小、方向的控制等方面,需要熟练的技巧,否则会产生很大的随机误差。

测点的布置也很重要,测点数目及布置情况应依据具体结构和测试目标而定,高阶模态由于振型复杂,需要足够的测点才能清楚地识别出来。若只测量频率且用一个传感器进行测量时,不能只测量一个点,应多次更换测量点位置进行测量,以防漏掉某阶频率。

在选择激振点时也要注意,预先估计得到模态的节线和反节线位置,避免将激振器放在节线附近和反节线上。若结构处在自由悬挂状态下,可选择将激振器放在结构的端部,对于悬臂梁或简支梁结构,在测量模态阶数比较低时,可将激振器安装在靠近固支端或简支端附近。对于其它结构,在测试过程中应变换几次激励点的位置,检查是否有遗漏的模态。

四、实验方法

(1)安装激振器和传感器。用固定台架将激振器安装在简支梁靠近端部的位置,并将压电式力传感器串接在激振器与梁之间,使激振器顶杆保持一定的预压力,用磁性座将压电式加速度传感器固定在简支梁适当位置。

(2)按实验框图连接系统,经检查后打开各仪器电源。

(3)用正弦扫频测量简支梁的频率响应函数。

①采集器参数设置。设置采样频率:2 kHz;采样方式:连续;触发方式:自由触发;平均方式:峰值保持;时域点数:1 024 或 2 048;频域点数:800。设置传感器灵敏度、量程范围,输入耦合方式:AC,将力传感器测量通道设置为参考通道;选择频响函数分析模式。窗函数:力和响应信号都加平顶窗。开两个显示窗口,一个显示频响函数,另一个显示相干函数。进行通道平衡和清零。

②信号发生器参数设置。选择正弦扫频方式,设置下限频率、上限频率和扫频速率,调节信号发生器输出到 300 mV。

③测量频率响应函数和相干函数,将频响函数曲线的峰值频率记录在表一中。

④更换两次传感器的位置,重复步骤③。

(4)用随机激励测量简支梁的频率响应函数。

①采集器参数设置。除下面几个参数设置不同外,其它参数设置与正弦扫频相同。平均方式:线性平均;平均次数:100;窗函数:力和响应信号都加海宁窗。

②信号发生器参数设置。选择随机信号方式,设置频率范围,调节信号发生器输出到 300 mV。

③测量频率响应函数和相干函数,将频响函数曲线的峰值频率记录在表一中。

④更换两次传感器的位置,重复步骤③。

(5)用力锤激励测量简支梁的频率响应函数。

①采集器参数设置。采样方式:瞬态;触发方式:信号触发;平均方式:线性平均;平均次数:5;窗函数:力信号-力窗,响应信号-指数窗。其它参数设置与正弦扫频相同。

②测量频率响应函数和相干函数,将频响函数曲线的峰值频率记录在表一中。

③更换两次传感器的位置,重复步骤②。

五、实验结果记录与分析

(1)数据记录在下表中。

激励方式	传感器位置	模态频率/Hz		
		一阶	二阶	三阶
正弦扫频	位置1			
	位置2			
	位置3			
随机激励	位置1			
	位置2			
	位置3			
力锤激励	位置1			
	位置2			
	位置3			

(2)比较三种激励方式得到的简支梁的前三阶固有频率,分析产生误差的原因。

六、思考题

(1)简支梁的固有频率与激励方式有无关系?

(2)在用正弦扫频激励时,测量的固有频率值与扫频快慢有无关系?

(3)在用随机和敲击激励时,为什么要进行多次平均?

(4)在测量频率响应函数时,为什么不同激励信号要加不同的窗函数,目的是什么?

注:在用正弦扫频和随机信号激励时,将串接在激振器和梁之间的力传感器经电荷放大器后连接到采集器的通道1;在用敲击法时,将力锤的压电式力传感器输出经电荷放大器后连接到采集器的通道1。

实验十　用锤击法测量简支梁的模态参数

一、实验目的

(1)了解测力法实验模态分析原理。

(2)掌握用锤击法测量结构模态参数的方法。

二、实验系统框图

实验系统框图如图 2-19 所示。

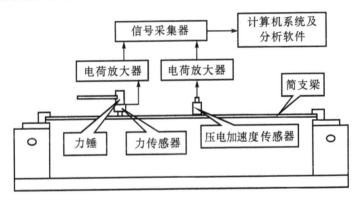

图 2-19　实验系统框图

三、实验原理

1.结构的特性参数测量方法

目前,结构的特性参数测量主要有三种方法:经典模态分析、运行模态分析(OMA)和运行变形振型分析(ODS)。

(1)经典模态分析也称实验模态分析,它是通过给结构施加一个激振力,激起结构振动,测量结构响应及激振力之间的频率响应函数,来寻求结构的模态参数。因此,实验模态分析方法也称测力法模态分析。在测量频率响应函数时,可采用力锤和激振器两种激励方式。力锤激励方式简单易行,特别适合现场测试,一般支持快速的多参考技术和小的各向同性结构。由于力锤移动方便,在这种激励方式下,一般采用的是多点激励,单点响应方式,即测量的是频率响应函数矩阵中的一行。

激振器激励时,由于激振器安装比较困难,多采用单点激励、多点响应的方法,即测量的是频率响应函数矩阵中的一列。这种激励方式可使用多种激励信号,且激振能量较大,适合于大型或复杂结构。

(2)运行模态分析与经典模态分析相比,不需要输入力,只通过测量响应来决定结构的模态参数,因此这种分析方法也称为不测力法模态分析。其优点在于无需激励设备,测试时不干扰结构的正常工作,且测试的响应代表了结构的真实工作环境,测试成本低、方便和快速。测量能够被一次完成(快速,数据一致性好)或多次完成(受限于传感器的数量),若一次测量(一个数据组)时,不需要参考传感器。而多次测量(多个数据组)时,对所有的数据组,需要一个或多个固定的加速度传感器作为参考。

(3)运行变形振型分析中,测量并显示结构在稳态、准稳态或瞬态运行状态过程中的振动模式。引起振动的因素包括发动机转速、压力、温度、流动和环境力等。ODS 分析包括时域 ODS、频谱域 ODS(FFT 或者 Order)、非稳态升/降速 ODS。

2. 模态分析

根据结构的阻尼特性及模态参数特征,模态分析可分为实模态分析和复模态分析。

(1)实模态分析。对于无阻尼系统和比例阻尼(比例粘性阻尼和结构比例阻尼)系统,由于表示系统的模态参数是实数矢量,故称为实模态系统,相应的模态分析过程称为实模态分析。

由振动理论可知,一个 N 自由度的线性系统,有 N 个无阻尼固有频率 $\omega_i(i=1,2,\cdots,N)$,和相应的 N 个模态振型。

$$\{\varphi\} = \{\varphi_{1i}\varphi_{2i}\cdots\varphi_{Ni}\}^{\mathrm{T}} (i=1,2,\cdots,N)$$

在比例粘性阻尼情况下,模态振型对质量矩阵 $[m]$、刚度矩阵 $[k]$ 和阻尼矩阵 $[c]$ 均满足下面形式的加权正交关系:

$$\{\varphi\}_s^{\mathrm{T}}[m]\{\varphi\}_i = \begin{cases} 0 & s \neq i \\ M_i & s = i \end{cases}$$

$$\{\varphi\}_s^{\mathrm{T}}[k]\{\varphi\}_i = \begin{cases} 0 & s \neq i \\ K_i & s = i \end{cases}$$

$$\{\varphi\}_s^{\mathrm{T}}[c]\{\varphi\}_i = \begin{cases} 0 & s \neq i \\ C_i & s = i \end{cases}$$

其中,阻尼矩阵 $[c] = \alpha[m] + \beta[k]$($\alpha, \beta$ 为常数),M_i、K_i 和 C_i 分别称为模态质量、模态刚度和模态阻尼系数。

有时用模态衰减系数 σ_i 或模态阻尼比 ζ_i 表征系统的阻尼特性,且有

$$\sigma_i = \frac{C_i}{2M_i} = \zeta_i \omega_i$$

$$\zeta_i = \frac{\sigma_i}{\omega_i} = \frac{C_i}{2M_i\omega_i}$$

系统的无阻尼固有频率 ω_i 与有阻尼模态频率 ω_{di} 之间的关系为

$$\omega_i = \sqrt{\frac{K_i}{M_i}} = \frac{\omega_{di}}{\sqrt{1-\zeta_i^2}}$$

通常称 ω_{di}、$\{\varphi\}_i$、M_i、K_i、C_i（或 σ_i、ζ_i）为系统的模态参数。一个 N 自由度系统,有 N 个模态,那么它有 N 组模态参数。在上述分析中,这些模态参数都是实数。

当系统的阻尼为比例粘性阻尼时,对 N 个自由度系统,其频率响应函数为一矩阵,即

$$[H(\omega)] = \sum_{i=1}^{N} \frac{\{\varphi\}_i \{\varphi\}_i^{\mathrm{T}}}{K_i - \omega^2 M_i + j\omega C_i} \tag{2-1}$$

当在 p 点激励在 l 点响应时,l 点与 p 点之间的频率响应函数为

$$H_{lp}(\omega) = \sum_{i=1}^{n} \frac{\varphi_{li}\varphi_{pi}}{K_i\left[1-\left(\dfrac{\omega}{\omega_i}\right)^2 + j2\zeta_i\dfrac{\omega}{\omega_i}\right]} \tag{2-2}$$

由上式(2-2)可知,系统的任一频率响应函数均可表示为其各阶频响函数的线性和,当模态之间的相互耦合作用可忽略不计,且当 $\omega = \omega_i$ 时,有

$$H_{lp}(\omega) \approx H_i(\omega) = \frac{\varphi_{li}\varphi_{pi}}{K_i\left(1-\dfrac{\omega^2}{\omega_i^2} + j2\zeta_i\dfrac{\omega}{\omega_i}\right)} \qquad (i=1,2,\cdots,n) \tag{2-3}$$

若取频响函数矩阵的第 p 列,当 $\omega = \omega_i$ 时,

$$\{H(\omega)\}_p \approx \frac{\{\varphi\}_i\varphi_{pi}}{K_i\left(1-\dfrac{\omega^2}{\omega_i^2} + j2\zeta_i\dfrac{\omega}{\omega_i}\right)} \tag{2-4}$$

式(2-4)是由 n 个线性方程组成,只要在某一个 ω_i 处利用 N 个 $\{H(\omega_i)\}_p$ 值就可计算出该阶模态参数,利用全部 $\{H(\omega_i)\}_p$ 值就可计算出各阶模态参数。

(2)复模态分析。对于具有一般粘性阻尼和一般结构阻尼振动系统,由于表示系统的模态参数是复数矢量,故称该系统为复模态系统,有关的模态分析称为复模态分析。

当系统阻尼为一般粘性阻尼时,对 N 个自由度系统,当在 p 点激励在 l 点响应时其传递函数为

$$H_{lp}(s) = \sum_{i=1}^{N} \left(\frac{A_i}{s-p_i} + \frac{A_i^*}{s-p_i^*}\right) \tag{2-5}$$

式中：p_i 为系统的极点（p_i^* 为其共轭复数）；

A_i、A_i^* 分别为 $H_{lp}(s)$ 相应于极点 p_i、p_i^* 的留数。

当模态耦合可以忽略时，在 p_i 附近，

$$H_{lp}(s) = \frac{(A_i)_{lp}}{s - p_i} + \frac{(A_i^*)_{lp}}{s - p_i^*} \quad (i = 1, 2, \cdots, n) \tag{2-6}$$

$(A_i)_{lp}$ 是留数矩阵$[A_i]$中的第 l 行第 p 列元素，只要识别出留数矩阵$[A_i]$的一列（或一行）就可以得到各阶复模态向量。

总之，根据传递函数阵 $[H(s)]$ 中的任一元素确定极点 p_i（$i = 1, 2, \cdots, n$）。根据 $[H(s)]$ 的一列（或一行）确定 $[H(s)]$ 在极点的留数矩阵 $[A_i]$ 的一列（或一行）就可以确定各复模态参数。

3. 模态分析方法和测试

模态分析方法和测试包括下面几个方面：

(1)建模。建模包括建立几何模型、定义自由度和确定测量方向。在建立几何模型时，要根据测量内容和要求对结构进行网格划分，并输入每个测点的几何坐标值。

(2)频率响应函数测量。

①激励方式的确定：是采用力锤激励还是采用激振器激励。若采用力锤激励，则常采用测量点固定、多点轮流激励的方法，这样得到的是频响函数矩阵中的一行，此法常用于轻薄型小阻尼结构频率响应函数测量；若采用激振器激励，则常采用激励点固定、多点轮流测量响应的方法，这样得到的是频响函数矩阵中的一列，此法常用于笨重、大型及阻尼较大的结构。当结构过于巨大和笨重时，采用单点激振不能提供足够的能量，把感兴趣的模态激励出来；或者在结构同一频率处可能有多个模态时，就需要采用多点激振的方法，采用两个甚至更多的激振器来激发结构的振动。

②结构安装方式。第一种方式是自由悬挂式，如放在很软的泡沫塑料上，或用很长的柔索将结构吊起，结构在任一坐标上都不与地面相连接；第二种方式是把结构刚性固定在地面上，结构上一点或若干点与地面固结；第三种方式是按结构实际工作状况安装。

③频率响应函数的测量。结构上 i 和 j 两点之间的频率响应函数定义为在 j 点作用单位力时，在 i 点所引起的响应。要得到 i 和 j 点之间的频率响应函数，只要在 j 点加一个激振信号，并测量 i 点的响应，然后对激励信号和响应信号分别进行 FFT 分析，就可以得到频率响应函数曲线。

④在测量频率响应函数时，要同时测量相干函数，以对频响函数的质量进行

检验。

（3）参数识别。通过对测量的频率响应函数进行曲线拟合，获得结构的固有频率、阻尼比、振型等参数。在测力法中，常用的模态分析方法有：峰值拾取法、导纳圆法、整体多项式拟合法和复指数拟合法等。其中，峰值拾取法和导纳圆法为图解法，它们都是单自由度识别法，适用于模态不密集的小阻尼结构的模态分析，整体多项式拟合法和复指数拟合法为多自由度解析法，用于模态比较密集、大阻尼结构的模态参数识别。

（4）查看模态参数检验结果。可以通过查看模态比例因子（MSF）和模态判定准则（MAC）等检验模态参数的有效性。

四、实验步骤

简支梁尺寸如图 2-20 所示，长（x 向）500 mm，宽（y 向）50 mm，使用多点敲击、单点响应方法测量其 z 方向的振动模态，可按以下步骤进行。

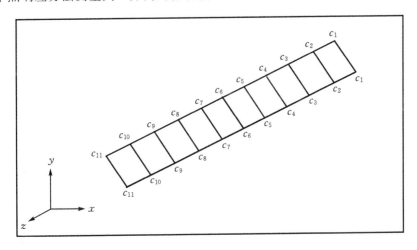

图 2-20　梁的结构示意图和测点分布示意

1. 测点的确定（建模）

由于梁在 y、z 方向和 x 方向尺寸相差较大，所以，可以将梁简化为杆件，只需在 x 方向顺序布置若干敲击点即可。敲击点的数目要根据测量的模态阶数来定，一般情况下，敲击点数目要多于所要测量的阶数。实验中将梁在 x 方向十等分，即可布九个测点（梁的两个端点不作为测点）。选取拾振点时要尽量避免将拾振点放置在所要测量的模态振型的节点上。

2.仪器连接

按实验系统框图连接仪器,将力锤上的力传感器通过电荷放大器接到采集器的通道1,压电加速度传感器通过电荷放大器接到采集器的通道2。

3.测量设置

打开仪器电源,双击分析软件,选择分析/频响函数分析功能。在新建的四个窗口内,分别显示频响函数数据、通道1的时间波形、相干函数和通道2的时间波形。

4.参数设置

(1)分析参数设置。

采样率:由测量频率范围选定(分析频率取整);

采样方式:瞬态;

触发方式:信号触发;

延迟点数:—200;

平均方式:线性平均;

平均次数:5;

时域点数:1 024 或 2 048;

频域点数:800;

预览平均:√。

(2)系统参数设置:

①参考通道:通道1。

工程单位和灵敏度:在灵敏度设置栏内输入相应通道传感器的灵敏度。传感器灵敏度为 $K_{CH}(pC/EU)$ 表示每个工程单位输出多少 pC 的电荷,如是力,在参数表中工程单位设为 N,则此处为 pC/N;如是加速度,参数表中工程单位设为 m/s^2,则此处为 $pC/(m/s^2)$。

②量程范围:调整量程范围,使实验数据达到较好的信噪比。调整原则:不要使仪器过载,也不要使得信号过小。

③模态参数:编写测点号和方向。采用单点拾振法时,如果测量1号点的频响函数数据,在通道1(力锤信号)的模态信息/节点栏内输入1,测量方向输入+Z;通道2(加速度传感器信号)内输入传感器放置的测点号,方向为+Z。当力锤移动到其他点进行敲击时,就必须相应地修改力锤通道的模态信息/节点栏内的测点编号。每次移动力锤后都要新建文件。

5. 预测试

用力锤敲击各个测点,观察有无波形,如果有一个或两个通道无波形或波形不正常,就要检查仪器是否连接正确,导线是否接通,传感器、仪器的工作是否正常等等,直至波形正确为止。使用适当的敲击力敲击各测点,调节量程范围,直到力的波形和响应的波形既不过载也不过小。

6. 正式测量

按编写好的敲击点进行敲击,由于预览平均方式处在打开状态,软件在每次敲击采集数据后,会提示是否保存该次试验数据。若力锤信号无连击,力和响应信号均无过载,且相干函数较好,就选择"保存"本次测试数据。若力锤信号有连击,力和响应信号有过载,就不要保存本次测试数据,可选择"否",重新对该点进行敲击和测量。

7. 数据预处理

采样完成后,对采样数据重新检查并再次回放计算频响函数数据。对力信号加力窗,力窗窗宽要调整合适,对响应信号加指数窗。回放并重新计算频响函数数据。

8. 模态分析

(1)启动模态分析软件,选择"测力法",创建新工程和新结构文件。

(2)几何建模:自动创建矩形模型,输入模型的长宽参数以及分段数;打开节点坐标栏,编写测点号。

(3)导入频响函数数据:从上述实验得到数据文件内,将每个测点的频响函数数据读入模态软件,注意选择测量类型,采用单点拾振测量方式。

(4)参数识别:首先用光标选择一个频段的数据,点击参数识别按钮,搜索峰值,计算频率阻尼及留数(振型)。

9. 动画显示

打开振型表文件和几何模型窗口,在振型表文件窗口内,按数据匹配命令,将模态参数数据分配给几何模型的测点。进入到几何模型窗口,点击动画显示按钮,几何模型将相应模态频率的振型以动画显示出来。在振型表文件内用鼠标选择不同的模态频率,几何模型上就会相应地将其对应的振型显示出来,图 2-21 为简支梁的前四阶振型的彩色动画显示。

在几何模型窗口内,使用相应按钮可以对动画进行控制,如选取显示方式:单视图、多模态和三视图;改变显示色彩方式;改变振幅、速度和大小,以及几何位置等。

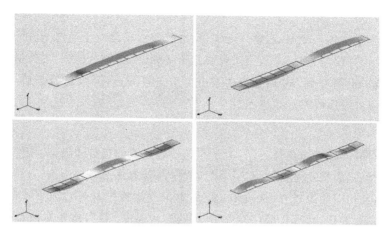

图 2-21 梁的前四阶振型

五、实验结果和分析

(1)记录模态参数。

模态参数	第一阶	第二阶	第三阶	第四阶	第五阶
频率/Hz					
阻尼比					

(2)保存或打印振型图。

实验十一　用线性扫频法测量简支梁的模态参数

一、实验目的

(1)学习线性扫频实验模态分析原理。

(2)掌握线性扫频模态测试及分析方法。

二、实验系统框图

实验系统框图如图 2-22 所示。

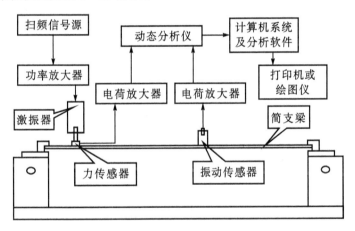

图 2-22　实验系统框图

三、实验原理

线性扫频法测简支梁模态参数原理与锤击法基本一致,但方法上有所区别,其区别如下:

(1)锤击法模态测试中,激励力由力锤提供;而线性扫频模态实验中,激励力由电动式激振器提供。

(2)锤击法模态测试中,可以选用单点拾振、多点移动激励法,也可以选用单点激励、多点移动响应测量法。而线性扫频法模态实验时,由于移动激振器比较困难,所以一般情况下多采用单点激励,多点响应测量法。

四、实验步骤

1.测点的确定

此梁在 y、z 方向和 x 方向尺寸相差较大,所以可以简化为杆件,只需在 x 方向顺序布置若干测点即可,测点的数目要根据测量的模态阶数来定,一般情况下测点数目要多于所要测量振型的阶数。实验中要求在 x 方向把梁分成十等份,布置九个测点(梁的两个端点不作为测点)。同时注意要把激振位置作为简支梁模态测试中的一个测点(测得原点频响)。

2.连接仪器

固定好电动式激振器,并与信号源连接。力传感器信号经电荷放大器接到采集器的通道1,压电式加速度传感器信号经电荷放大器接入采集器的通道2。若使用的力和加速度传感器为 ICP 传感器,且采集器具有直流供电功能时,传感器可直接接入采集器。

3.测量设置

打开仪器电源,启动分析软件,选择分析/频响分析。在新建的四个窗口内,分别显示频响函数数据、通道1的时间波形、相干函数和通道2的时间波形,平衡清零之后,等待采样。

4.参数设置

(1)系统参数设置。

采样频率:2 kHz;

采样方式:连续;

触发方式:自由采集;

平均方式:峰值保持;

时域点数:2 048;

频域点数:800 或 1 600。

(2)通道参数设置:

参考通道:通道1。

工程单位和灵敏度:参考实验十。

量程范围:参考实验十的量程范围选定原则,另外根据试验者所期望达到的扫频范围灵活地加以调整。

(3)模态参数:编写测点号和方向。如果测量1号点的频响函数数据,在通道1(激励信号)的模态信息/节点栏内输入激振器的测点号,测量方向选择+Z;在通道 2(加速度传感器信号)的模态信息/节点栏内输入 1,方向为+Z;测量 2 号点的频响函数时,通道 1 的测点号和测量方向不变,在通道 2 的模态信息/节点栏内输入 2,方向仍为+Z;继续测量其它点的频响函数数据时,通道 2 模态信息/节点的设置要跟随变化。且每次移动传感器后都要新建文件,对采集器进行平衡、清零。

5.信号源设置

打开扫频信号发生器,调节信号类型为"线性扫频",设置起始频率为 5 Hz,终止频率与频响函数显示窗口显示的最高频率相同,扫频速率为 1 Hz,按"确定",然后按下"开始",调节扫频电压到 300 mV。

6.频响函数测量

移动传感器,依次测量各点的频率响应函数。测量完成后,对采样数据重新检查,更改错误设置,回放并重新计算频响函数数据。

7.模态分析

(1)启动模态分析软件,选择"测力法",创建新工程和新结构文件。

(2)几何建模:自动创建矩形模型,输入模型的长宽参数以及分段数;打开节点坐标栏,编写测点号。

(3)导入频响函数数据:从上述实验得到数据文件内,将每个测点的频响函数数据读入模态软件,注意选择测量类型:单点激励法。

(4)参数识别:首先用光标选择一个频段的数据,点击参数识别按钮,搜索峰值,计算频率阻尼及留数(振型)。

8.动画显示

同实验十。

五、实验结果和分析

记录模态参数。

模态参数	第一阶	第二阶	第三阶	第四阶	第五阶
频率/Hz					
阻尼比					

实验十二　用随机激励法测量简支梁的模态参数

一、实验目的

(1)学习随机激励法实验模态分析原理。

(2)掌握随机激励模态测试及分析方法。

二、实验系统框图

实验系统框图如图2-23所示。

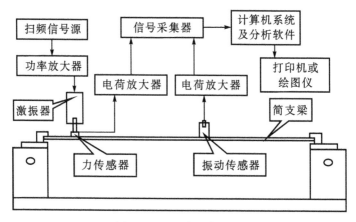

图2-23　实验系统框图

三、实验原理

随机模态分析采用测力法，且与线性扫频法基本一致，与线性扫频法不同的是激励信号为随机信号。其模态测试方法原理与锤击法是基本相同的。

四、实验步骤

1.测点的确定

将梁在 x 方向十等分，布置九个测点（梁的两个端点不作为测点）。

2.连接仪器

固定好电动式激振器，并与信号源连接。力传感器信号经电荷放大器接到采集器的通道 1,压电式加速度传感器信号经电荷放大器接入采集器的通道 2。若使用的力和加速度传感器为 ICP 传感器,且采集器具有直流供电功能时,传感器可直接接入采集器。

3. 测量设置

打开仪器电源,启动分析软件,选择分析/频响分析。在新建的四个窗口内,分别显示频响函数数据、通道 1 的时间波形、相干函数和通道 2 的时间波形,平衡清零之后,等待采样。

4. 参数设置

(1)系统参数设置:

采样频率:2 kHz;

采样方式:连续;

触发方式:自由采集;

平均方式:线性平均;

平均次数:设置 100 次以上;

时域点数:2 048;

频域点数:800;

窗函数:海宁窗。

(2)通道参数设置:

参考通道:通道 1。

工程单位和灵敏度:参考实验十。

量程范围:根据激励和响应信号的大小进行调整。

模态参数:编写测点号和方向。如果测量 1 号点的频响函数数据,在通道 1 (激励信号)的模态信息/节点栏内输入激振器的测点号,测量方向选择+Z;在响应通道(加速度传感器信号)的模态信息/节点栏内输入 1,方向为+Z;测量 2 号点的频响函数时,通道 1(激振器)的测点号和测量方向不变,而通道 2 的模态信息/节点栏内要输入 2,方向仍为+Z;继续测量其它测点的频响函数时,通道 2 模态信息/节点的设置依此类推。每次移动加速度传感器后都要新建文件。

5. 信号源设置

打开扫频信号发生器,调节信号类型为"随机",然后按下"开始",调节输出电压为 300 mV。

6. 频响函数测量

移动传感器,依次测量各点的频率响应函数。测量完成后,对采样数据重新检查,更改错误设置,回放并重新计算频响函数数据。

7. 模态分析

（1）启动模态分析软件，选择"测力法"，创建新工程及新结构文件。

（2）几何建模：自动创建矩形模型，输入模型的长宽参数以及分段数；打开节点坐标栏，编写测点号。

（3）导入频响函数数据：从上述实验得到数据文件内，将每个测点的频响函数数据读入模态软件，注意选择测量类型：单点激励法。

（4）参数识别：用光标选择一个频段的数据，点击参数识别按钮，搜索峰值，计算频率阻尼及留数（振型）。

8. 动画显示

同实验十。

五、实验结果和分析

（1）记录模态参数。

模态参数	第一阶	第二阶	第三阶	第四阶	第五阶
频率/Hz					
阻尼比					

（2）保存各阶模态振型图。

实验十三 用不测力模态分析法测量简支梁的模态参数

一、实验目的

(1)学习不测力实验模态分析方法的原理。

(2)掌握用不测力模态分析法测量结构固有频率、模态振型、模态阻尼比的方法。

二、实验系统框图

实验系统框图如图 2-24 所示。

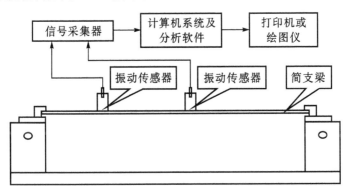

图 2-24　实验系统框图

三、实验原理

所谓不测力法就是在试验过程中不需要测量激励力的方法。工程中的大量结构和机器(如大型建筑,大型桥梁,汽轮发电机组等)都是很难人工施加激励力的,其结构的响应主要由环境激励引起,如机器运行时由于质量不平衡产生的惯性力,车辆行驶时的振动以及微地震产生的地脉动等各种环境激励,而这些环境激励是既不可控又难以测量的。

不测力法只能利用系统的响应数据对固有频率、模态振型、模态阻尼或阻尼比这几个模态参数进行估计,而这几个模态参数已经能够满足绝大多数工程中结构动力特性分析的要求。不测力法模态软件利用测量得到响应的自功率谱、互功率谱、传递率和相干函数进行模态参数的估计。

前述的运行模态分析法（OMA）属不测力模态分析法。

不测力法也可分为解析法和图解法两种类型。使用范围与测力法一致。图解法可选用自互功率谱综合法或传递率法，解析法可选用随机子空间法（SSI）。

四、实验步骤

简支梁的几何尺寸为：长（x 向）500 mm，宽（y 向）50 mm，使用不测力法测其 z 方向的振动模态，实验过程如下。

1. 测点的确定

可以将简支梁分成十等份，即十一个节点，去掉两端的两个节点，共选取九个测点，如图 2-25 所示。实验时，将传感器放置于每一个等分段的中点处。

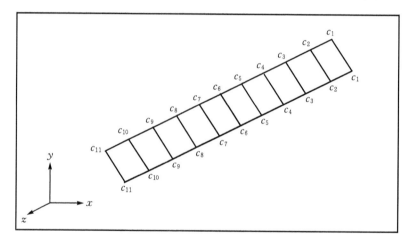

图 2-25 测点分布图

2. 连接仪器

将两个测量用的加速度传感器分别接入采集器的通道 1 和通道 2。

3. 测量设置

打开仪器电源，启动分析软件，选择频谱分析模式。新建 4 个窗口，分别显示通道 1 和通道 2 的时间波形以及通道 1 和通道 2 的平均谱，平衡清零之后，即可开始采样。

4. 参数设置

（1）系统参数设置：

采样频率:2 kHz;

采样方式:连续;

触发方式:自由采集;

平均方式:线性平均;

平均次数:200 次;

时域点数:2 048 点;

窗类型:海宁窗。

(2)通道参数设置:

参考通道:通道 1。

工程单位和灵敏度:参考实验十。本实验之中,两个传感器的灵敏度必须设置正确。

模态参数:编写测点号和方向。实验时,将其中一个传感器放置在参考点处,并在整个测试过程中该传感器位置不变,其通道的"几何参数(模态参数)"栏中"参考标识"打"√",其余通道的"参考标识"打"×";移动另外一个传感器进行测量,在每一批次的测试过程结束之后,都要对通道 2 的测点编号进行设置,具体做法与测力模态分析法相似。

5.测量与数据预处理

移动传感器,逐点进行测量,测试完成后回放采样数据,重新计算每个测点的平均谱。

6.模态分析

(1)启动模态分析软件,选择"不测力法",创建新工程及新结构文件。

(2)几何建模:自动创建矩形模型,输入模型的长宽参数以及分段数;打开节点坐标栏,编写测点号。

(3)导入时域数据:从上述实验得到的数据文件内,将每个测点的时域数据导入模态软件;然后对时域数据进行去除均值、FFT 分析等操作,得到每个测点的谱数据。

(4)参数识别:选择单光标,将光标分别置于谱图峰值处并按回车键进行选定,点击参数识别按钮,选择"基于传递率"的参数识别,新建模态参数文件,搜索峰值,计算频率、阻尼及留数(振型)。

7.振型编辑

在频率、阻尼显示表中,用鼠标将要动画显示的频率、阻尼参数选中并保持,回到结构文件显示界面,进行自动插值与约束方程设置。

8.动画显示

同实验十。

五、实验结果和分析

(1)记录模态参数。

模态参数	第一阶	第二阶	第三阶
频率/Hz			
阻尼比			

(2)打印出各阶模态振型图。

实验十四　圆板各阶固有频率及主振型的测量

一、实验目的

(1)学会用敲击法测量圆板横向振动的低阶固有频率与阻尼比。

(2)掌握用模态分析法测量圆板振动的各阶振型。

二、实验系统框图

实验系统框图如图 2 - 26 所示。

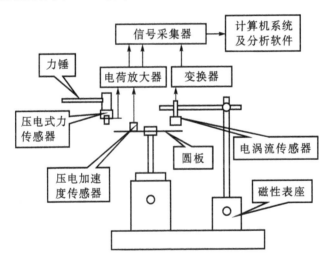

图 2 - 26　实验系统框图

三、实验原理

参考简支梁模态试验原理,采用单点响应,多点激励的方法。

四、实验步骤

1.连接仪器

将力锤信号接入采集器通道 1,位移传感器(或小型加速度传感器)信号接入通道 2。

第二章　振动测量实验

093

2.建模

建立圆盘的几何模型(圆盘内径 20 mm,外径 200 mm),将圆盘在径向二等分、周向十二等分,内圈固支,布置测量点,编写测点号。

3.参数设置

打开动态采集分析仪电源,启动分析软件,选择分析/频响函数分析,点击右键,信号选择/频响函数。

(1)分析参数设置:

采样率:2 kHz;

触发方式:信号触发;

延迟点数:－100;

平均方式:线性平均;

平均次数:5;

频域点数:800;

预览平均:√;

窗函数:力信号,力窗;响应信号,指数窗。

(2)系统参数设置:

参考通道:通道 1。

灵敏度:将两个传感器灵敏度输入相应的通道灵敏度设置栏内。

量程范围:调整量程范围,使实验数据达到较好的信噪比。

模态参数:编写测点号和方向。采用多点激励单点响应法时,如果测量 1 号点的频响函数数据,在通道 1(力锤信号)的模态信息/节点栏内输入 1,测量方向输入＋Z;响应通道(位移传感器信号)内输入传感器放置的测点号,方向为＋Z。

3.频响函数测量

新建四个显示窗口,分别显示频响函数数据、相干函数及通道 1 和通道 2 的时间波形。编写测点号和方向,在平衡清零之后开始采样。采样后,观测力信号有无连击或过载,相干函数质量如何,在确保测量的频率响应函数无误时可保存数据,然后移动敲击点进行其它测点的测量。注意当力锤移动到其他点进行敲击时,必须相应地修改力锤通道的模态信息/节点栏内的测点编号,且每次移动力锤后都要新建文件。

4.模态分析

所有测点的数据采集完成后,打开模态软件,建立圆盘的几何模型,输入测点编号(也可先建模,后测量);导入测量数据,注意选择单点响应,多点激励测量方式。利用软件提供的几种方法分别进行参数识别。识别方法同实验十。

5.振型观察

识别得到的模态参数可动画显示在几何模型上。

五、实验结果和分析

(1)记录模态参数。

模态参数	第一阶	第二阶	第三阶	第四阶	第五阶
频率/Hz					
阻尼比					

(2)保存各阶模态振型图。

实验十五　附加质量对系统固有频率的影响

一、实验目的

（1）用频响函数法测量附加不同质量前后简支梁的前三阶固有频率。
（2）将所测的各阶固有频率进行比较，分析附加质量对系统固有频率的影响。

二、实验系统框图

实验系统框图如图2-27所示。将电动激振器按图示位置安装在支架上，激振点和传感器放置点不要选在靠近二、三阶振型的节点处，以便将前三阶固有振动都能激励和测量出来。

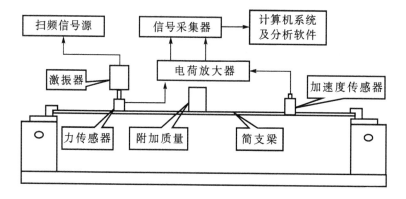

图2-27　实验系统框图

三、实验原理

用频响函数法测量附加不同质量前后简支梁的前三阶固有频率。

四、实验方法

（1）力传感器接信号采集器的通道1，压电加速度传感器接通道2。
（2）打开仪器电源，启动分析软件，选择分析/频响函数分析功能。新建四个显示窗口，分别显示频响函数数据、激振力信号的时间波形、响应信号的时间波形和相干函数。对测量通道进行平衡清零。

（3）参数设置。

①分析参数设置：

采样频率：2 kHz；

采样方式：连续；

触发方式：自由采集；

平均方式：峰值保持；

时域点数：2 048；

频域点数：800 或 1 600。

②系统参数设置：

参考通道：通道 1。

工程单位和灵敏度：参考实验十。

量程范围：调整量程范围，使实验数据达到较好的信噪比。调整原则：不要使仪器过载，也不要使信号过小。

（4）将电动激振器与扫频信号源输出端相连。打开信号源的电源开关，调节信号类型为"线性扫频"，设置起始频率和终止频率及扫频速率，按"确定"，然后按下"开始"，调节信号源输出电压到 300 mV。

（5）开始采样测量信号。采样完成后，对采样数据进行检查并再次回放计算频响函数数据。

（6）读取频响函数曲线前三个峰值所对应的频率值，即为系统的前三阶固有频率。

（7）分别在梁上固定质量 1 和质量 2，用同一方法测量附加质量后梁的前三阶固有频率。

五、实验结果与分析

（1）各阶固有频率的比较记录在下表中。

固有频率/Hz	f_1	f_2	f_3
简支梁			
附加质量 1			
附加质量 2			

（2）分析附加质量对系统固有频率的影响。

第二部分

光弹性测试技术

第三章　光弹性测试概述

第一节　光弹性法

　　光弹性法是应用光学原理研究弹性力学问题的一种实验应力分析方法。它是一门与晶体光学、高分子化学、相似理论和固体力学紧密结合的,用实验方法对结构物或零件进行应力分析的科学。光弹性法已有一百多年的历史。随着科学技术和生产的发展,光弹性实验技术也日益成熟和完善,并且获得了广泛的应用。目前,除一般的平面光弹性实验法外,还有可对零件进行实测的光弹性贴片法;三维应力分析方面除常用的冻结法外,还有散光法和组合模型法;在动应力、热应力、接触应力和塑性变形等问题的研究中也均能应用光弹性实验。

一、基本原理及特点

　　采用具有所谓的"暂时双折射效应"的高分子材料,如环氧树脂、聚碳酸酯等,制成与实物形状和几何尺寸相似的模型;给模型施加与实物相似的载荷,在特定的偏振光场中观察,模型中出现与应力有关的干涉条纹,这些条纹反映了模型边界和内部各点的应力状态;依照光弹性原理,分析条纹算出模型内各点应力的大小和方向;再由相似性理论换算得到实际构件中的真实应力。因此,光弹性实验是将光学和力学紧密结合的一种实验技术。由于一般是用模型进行实验,故还必须以相似理论为指导。

　　光弹性法的特点是直观性强,能够直接测量模型受力后的应力分布,而不是变形分布,尤其适合理论计算困难、形状和载荷复杂的构件,是一个较为迅速并能获得全场应力的方法。利用光弹性法,可以研究几何形状和载荷条件都比较复杂的工程构件的应力分布状态,特别是应力集中的区域和三维内部应力问题。对于断裂力学、岩石力学、生物力学、粘弹性理论、复合材料力学等,也可用光弹性法验证其所提出的新理论、新假设的合理性和有效性,为发展新理论提供科学依据。

二、发展历程

　　1816 年,D. Brewster 发现透明介质在应力作用下具有暂时的双折射现象。

1852 年，C. Maxwell 确定了应力—光学定律。直到 19 世纪后叶，光学仪器的发展和光弹性材料的出现才使这一方法得到应用，并逐渐成为一门独立的学科——光弹性。20 世纪初，E·G·科克尔和 A·C·M·梅斯纳热等用光弹性模型实验先后研究了车轮、齿轮、滚动轴承和桥梁结构等的应力分布，开创了现代实验应力分析的基础。20 世纪 40 年代，M·M·弗罗赫特对光弹性的基本原理、测量方法和模型制造等方面的问题做了全面系统的总结，从而使光弹性法在工程上获得广泛的应用。20 世纪 50 年代出现了环氧树脂塑料，该材料适合于光弹性冻结应力法，使光弹性法解决三维弹性力学问题成为可能，在优化工程结构设计中发挥了重要作用。20 世纪 60 年代激光的出现，提供了一种相干性特别好的光源，将这一光源引入到光弹性中，出现了全息光弹性。近年来计算机的出现，特别是计算机图像处理技术的发展，加上接受信息的 CCD 摄像机的发展，可省去全息光弹法显影和定影，直接在计算机上显示结果，这一发展引起了学术界的关注。目前的光弹法一方面向自动化、计算机化发展，另一方面向更广阔的领域中渗透，在汽车、动力、土建、水利、生物、力学、航天、航空、机械制造等方面都得到了广泛的应用。

目前的光弹性法大致有以下几个分支。

1. 三维光弹性法

实际工程构件的形状和所受载荷都比较复杂，其中大多属于三维问题。而在三维光弹性应力分析中，比较成熟的是冻结应力切片法。用光弹性材料制成的模型，在室温下承受载荷时产生双折射现象，当把载荷撤掉后其光学效应随即消失，在高温下也能观察到这种现象。但是，一个承受载荷的环氧树脂模型，从高温（约 100～130 ℃）逐渐冷却至室温后再撤掉载荷，则模型在高温下具有的光学效应可以被保存下来，称为应力冻结现象。然后从冻结应力的模型中截取适当的切片，并对切片中的条纹进行分析计算，就可以得到相应的应力分布情况。这种方法的特点是：清晰直观，能直接显示应力集中区域，并准确给出应力集中部位的量值。特别是这一方法不受形状和载荷的限制，可以对工程复杂结构进行应力分析。

2. 散光光弹性法

当光线通过透明的各向同性材料介质时，它沿着所有方向都有散射。这种散射光是由悬浮于材料介质中的微小颗粒和材料的分子本身引起的，而且散射光总是平面偏振光，它的光强不仅和入射光的偏振特性有关，还和产生散射材料介质的应力状态有关。因此，可以通过对模型中散射条纹的分析，得到实际的应力分布情况。此法已用来解决扭转、平面应力、表面应力和轴对称应力等的测量问题。这种方法的优点是：第一，不需切片，即不必破坏模型，这样模型可以反复使用，节约材料；第二，不需冻结，这样可以避免在冻结时引起的大变形和模型材料泊松比的变化所带来的误差。

3. 光弹性贴片法

光弹性贴片法也叫光敏薄层法，它是将厚为 1～3 mm 的光学灵敏度较高的光弹性材料牢靠地粘贴在待测结构表面的反光面上。当结构受力变形时，贴片也随之变形，使其产生暂时双折射效应。借助于反射式光弹仪，可测出光弹贴片的等差线和等倾线，然后通过计算可得构件表面上任一点的主应变或主应力的大小和方向。

贴片法是普通光弹法的新发展，是实验应力分析的又一个重要手段。它可以对实物进行现场测试，实物可以是金属材料或其它材料制成，这就突破了一定要用光弹性材料制作模型的局限，从而缩短了实验周期，扩大了应用范围。此法应用较为广泛，可用于测定飞机的机翼、窗框、起落架、导弹尾翼、汽车发动机机架、转向器外壳，以及压力容器、管板等。它是一种全场观测的分析方法，故能发现难以预计的某些高应力区域，例如装配、加强、焊接所带来的应力集中区。光弹性贴片法不仅能测量静态的弹性应力，还能测量动态应力、弹塑性应力、残余应力和热应力；不仅能测试金属材料结构，还可测试混凝土、木材、复合材料、岩石、橡胶等材料制成的结构或零件。此外，在断裂力学研究中，也可用此法测量裂纹尖端弹塑性应变场和裂纹扩展过程。但是此法对于许多应变很小的结构和零件灵敏度不够，尚有待改进。

4. 全息光弹性法

将全息干涉技术应用于光弹性实验研究，称为全息光弹性法。在全息干涉中，通过模型受载前后的两次曝光，可得到主应力等和线与等差线的组合条纹，这两组条纹可通过光学方法分离。根据等和线与等差线的条纹级数，便可计算出模型内部的主应力分量。

全息光弹性法可用于静态应力测量，还可用于动态应力测量。采用脉冲激光器作光源进行的全息光弹性实验，可以同时记录动态载荷作用下瞬态的等和线与等差线，为分离动态的主应力分量提供了新的途径。将全息光弹性用于测量热应力问题时，不仅能获得等和线，便于主应力的分离，且能获得和模型厚度变化相关联的温度场分布。此外，应用此法还可通过等和线测定裂纹尖端的应力强度因子。

5. 特殊光弹性法

动光弹法：用光弹性法来研究动载荷作用下，结构中随时间而变化的应力状态的方法，称为动光弹法。动态光弹法相当于模拟计算机的解题方法，结构受动载荷时，可以将人眼不能看见、变化很快的条纹作为一种模拟信号记录下来。该方法直接给出边界的面内正应力和全场面内最大剪应力，尤其对于求解应力集中、应力强度因子和裂纹扩展速率问题，进行设计方案比较等更具有独特的优点。动态光弹性法的重要意义在于为理论研究和工程应用提供了瞬态应力现象的实验依据。

热光弹法:用光弹性法来研究结构热应力状态的方法称为热光弹性法。它是根据光弹性原理,通过透明双折射模型中的干涉条纹来分析试件中热应力的方法,能形象地给出热应力的分布情况,便于确定热应力的大小和集中的部位,还能反映热应力随温度变化的动态过程,如热冲击和断裂过程。热光弹性法是20世纪30年代开始研究的,50年代以来获得较快进展,已用于发动机活塞、气冷涡轮叶片和坝体等工程实际问题的热应力分析工作。

三、应力分析

从光弹性实验可以直接获得主应力差和主应力方向。为了确定单独的应力分量,还须借助于其它实验方法或计算方法。

对于二维应力问题,确定主应力或正应力分量的实验方法包括侧向变形法、电比拟法、云纹法、光弹性斜射法、全息光弹性法和全息干涉法等,计算方法包括剪应力差法、差分法和迭代法等。但在工程中常用的是剪应力差法、光弹性斜射法和全息光弹性法。

大多数工程结构在载荷作用下常处于三维应力状态,应用三维光弹性实验法能有效地确定工程结构内部的三维应力状态。三维光弹性实验法包括光弹性应力冻结法、光弹性夹片法、光弹性散光法等,其中以光弹性应力冻结法应用较广。进行光弹性三维应力分析时,模型中的正应力差和剪应力都可用正射或斜射的方法确定。而要分离正应力,仍需采用剪应力差法。

第二节　光弹仪简介

利用偏振光干涉原理,对应力作用下产生人工双折射现象的材料做成的力学构件模型进行实验应力测试的仪器,简称光弹仪。应用它可以通过模型在实验室内进行大型建筑构件、水坝坝体、重型机械部件的应力和应力分布的测试,并可以在模型上直接看到被测件的全部应力分布和应力集中情况。

一、分类

光弹性力学方法的发展,使该类仪器已有十余个品种,它们用于不同的范畴,可分为静态应力分析仪和动态应力分析仪两大类。

静态应力分析仪中包括经典光弹性仪及其变形产品,如用于一般试验的简单型漫射式光弹性仪,用于现场的反射式光弹性仪及多种光弹性仪附件,如石英补偿器、条纹倍增器、斜射器等。在经典方法之外,还发展了全息光弹性仪、云纹仪、激光散斑仪等。这一类仪器都可用于测量模型或物体的表面形变。

　　动态应力分析仪器中,发展了如多火花动态光弹性仪、多脉冲激光全息照相机等,它们可用于拍摄高速动载荷作用下模型光弹性条纹分布的变化过程,以上已形成仪器系列。正在发展中的尚有自动光弹性仪、光弹性实验数据自动采集及处理系统,它们进一步简化实验操作,缩短实验周期和提高实验精度,是今后发展的方向。

二、光路装置

　　最简单的光弹仪装置如图 3-1 所示,它由一个放在两块线偏振镜之间的模型构成。两块线偏振镜按其位置分别称为起偏镜和检偏镜,模型位于线(平面)偏振光场中,在成像屏上可以形成等差线和等倾线条纹共存的应力光图像。

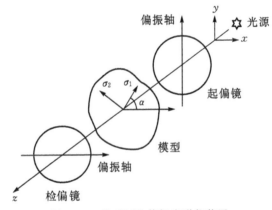

图 3-1　线(平面)偏振光弹仪装置

　　光弹仪的另一种装置如图 3-2,它是在线偏振光弹仪装置的基础上于模型前

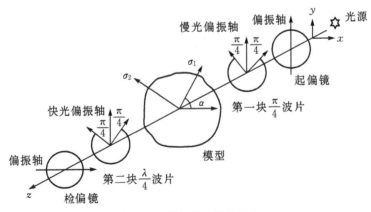

图 3-2　圆偏振光弹仪装置

后各增加一块四分之一波片，模型置于圆偏振光场中。在这种装置的成像屏上只有等差线条纹图像，而等倾线条纹消失。也就是两块四分之一波片的作用，使得等差线条纹从混合场中分离出来而没有等倾线条纹干扰。

光弹仪按其偏振元件的偏振轴方位有5种有用的配置法，见表3-1。

表3-1　光弹仪配置

配置		起偏镜和检偏镜	四分之一波片	光弹仪屏的底色
线偏振光弹仪		×	无	暗②
圆偏振光弹仪	正交/正交	×	×	暗②
	正交/平行	×	//	明
	平行/正交	//	×	明②
	平行/平行	//	//	暗

注：①×和//分别表示轴正交与平行；②表示更为常用的配置。

三、构造及其部件

目前用于应力分析的光弹仪常见的有透射式、反射式、散射式等，其中以透射式光弹仪为最基本的类型，它分为透镜式光弹仪和漫射式光弹仪两种型式。

1.透镜式（透射）光弹仪

透镜式圆偏振光弹仪装置排列见图3-3，下面按安置顺序简单介绍其零部件及作用。

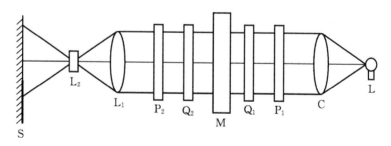

图3-3　透镜式圆偏振光弹仪排列

L：光源。有白光和单色光两种光源。白光是由7种颜色的光复合组成，即红、橙、黄、绿、青、蓝、紫7色。弧光灯是使用最广泛的白光光源。使用在光弹仪中的单色光光源有钠光灯，其波长589.3 nm，为黄色光。也有的使用水银灯加滤色片近似成蓝光，汞蓝光波长为453.8 nm。激光光源是一种很理想的单色光源，在光弹性实验中将会越来越多地被应用,它具有很纯的单色性,在使用时配上扩束镜将光场扩散开,并配上滤波器以消除相干光产生的噪声散斑点。常见的氦氖激光器具有的波长 $\lambda = 632.8$ nm。波长短的光源比波长长的光源产生的干涉条纹要多。

C:准直镜。把点发散光变为平行光。

P_1 起偏镜。将自然光变为线(平面)偏振光,偏振方向取决于起偏镜偏振轴的取向。起偏镜可转动,以使偏振轴可以任意取向,并标明刻度。

Q_1、Q_2:四分之一波片。于模型 M 前后各安排一块,形成圆偏振光弹仪,以消除等倾线。

M:模型。由具有光弹性效应的材料制作,为测量对象,置于加载架上受力。加载架按实验需要可以使模型承受拉、压、弯等平面载荷。

P_2:检偏镜。它是一个与起偏镜相同的线偏振器,模型中光弹性效应通过此片形成干涉条纹。

L_1:视场透镜。它把检偏镜透射出的平行光线汇聚在一个小范围内,使整个光场能全部进入照相机的成像透镜中,使屏幕上光强分布均匀。

L_2:照相机(或成像透镜,它与成像屏组成成像系统)。记录(或观察)应力光图。

2.漫射式(透射)光弹仪

对于直接观看模型,漫射式光弹仪比透射式光弹仪更令人满意。通过直接窥视检偏镜,就可以看到模型中的条纹图。漫射式光弹仪的一个重要优点就是模型表面和光学元件表面不需要精细抛光。漫射式光弹仪是使用了安装在漫射屏后的几个灯泡所构成的光源形成相当均匀的光场。图 3 - 4 为典型的"漫射式光弹仪"装置。

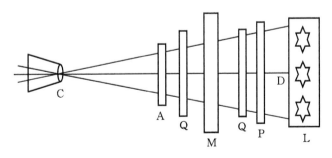

L—光源;D—漫射板;P—起偏镜;A—检偏镜;Q—四分之一波片;M—受力模型;C—照相机

图 3 - 4 漫射式光弹仪装置

第三节　现代光学测试技术

前面所讨论的光弹性法，都是直接从受力物体（模型或实物）通过光弹性材料的干涉条纹求出其应力分量，即首先得到的是应力。本节将要介绍的各种方法则是从受力物体的干涉条纹中求出物体表面上各点的位移，即首先求得的是位移。由于其内容大多是20世纪70年代左右才发展起来的，故又称为现代光学测试法。

随着光电技术和计算机图像处理技术的发展，现代光测力学技术也日趋成熟。除了在机械、土木、航空航天等科研与应用领域被广泛使用外，更是越来越多地被新兴学科领域，如生物科学、生命科学、新能源、新材料以及微纳米科技等领域的研究人员所采用。这主要是因为诸如数字全息、云纹干涉、栅线投影、电子散斑干涉和数字图像相关测量等光测力学技术具有非接触、高分辨和全场测量的优点，而受到广大科研工作者和工程技术人员的关注和重视。现代光测在自动化程度、精确度、实时性等诸方面都有所突破，也进一步发展成为被大众应用于广大领域的有力工具。

一、技术方法分类

1. 全息干涉法

利用全息照相获得物体变形前后的光波波阵面相干涉所产生的干涉条纹图，以分析物体变形的一种干涉度量方法，是实验应力分析方法的一种。早在1948年盖伯提出两步成像法，但并未造成很大影响。直至激光出现，利兹采用离轴和漫射的光路，获得了前所未见的三维再现立体像，全息照相才引起轰动。1965年，R·L·鲍威尔和K·A·斯特森用波阵面再现干涉现象分析振动问题，开始了全息干涉法的实验研究。最基本的全息干涉法有三类：单次曝光法（实时观察法）、两次曝光法和连续曝光法（时间平均法和频闪法）。

全息干涉是全息照相方法的一个重要应用。与普通干涉相比，它们的干涉理论和测量精度基本相同，只是获得干涉的方法不同。由于全息图具有三维性质，全息干涉测量术能够对具有任意形状和表面状况的三维表面进行测量，可从许多视图去考察一个复杂物体，还可以对一个物体在不同时刻用全息干涉法进行观察，探测物体在一段时间内发生的各种改变。

在固体力学领域内，全息干涉法可用于位移或变形场测量、应变分析、振动分析、断裂力学、材料研究及生物医学研究等方面，国内外都进行了大量的工作，进展非常快。

2.散斑干涉法

相干性很好的激光照射表面粗糙物体,可以观察到或者照相记录下一种无规律分布的亮暗斑点,这就是激光散斑,这种随机分布的散斑结构称为散斑场。散斑法是通过比较物体变形前后散斑场的变化,从而测得物体各部分的位移或应变。它是固体力学实验应力分析的重要手段之一,其优点是:非接触式测量,直观显示,可逐点或全场分析,灵敏度在一定范围内可以调节,数据处理简便。此外,它的实验设备简单,防震要求较低。

激光散斑干涉法的用途很广,除了测取物体的位移、应变外,还可以用于无损探伤、物体表面粗糙度的测量、塑性区测量、振动测量、裂尖位移场测量等方面。

3.云纹及云纹干涉法

云纹法又称莫尔纹法(moire method),是变形分析的一种模拟方法,由光的干涉而产生。此法利用光机械干涉形成的云纹图进行分析,分为面内和影像(面外)云纹法两类。根据前者的平行云纹图和转动云纹图可求得应变场,而后者已成功地用于褶皱形式和断裂变形场的分析。其最大优点在于实用范围广,适于弹性、塑性、蠕变、静载、动载、常温、高温等,较简便、易行。

云纹法是根据栅线重叠时的纯几何关系确定应变的,因此无论弹性范围内的小应变,或者破坏时的大应变,都可以测试。它还可用以测定裂缝附近的弹塑性应变场等。将云纹法用于测定三维应力时,应将透明模型分层加工,在剖分面上复印栅线,再粘合成整体,然后测定其内部的位移或应变分布。用此法测定板、壳、薄膜的变形,以及物体表面的等高线,非常简便有效。此法不足之处在于测量弹性范围内的微小应变时,灵敏度和准确度还不够。

云纹法的主要发展趋向是:运用不同的光学手段和信息处理技术,提高应变测量的灵敏度和准确度;实现位移数据的采集和处理,以及算出应变值等过程的自动化和计算机化。测量中,趋向于综合运用云纹法和其它实验应力分析方法,以便兼取各法的优点,例如云纹法和光弹性贴片法的结合,和散斑法的结合等。此外云纹法和全息照相的结合,已发展成一种新的实验应力分析方法——全息云纹法。

4.焦散线法

利用焦散线测量应变(或应力)奇异场力学参数的一种光学实验法。当一束光垂直照射在一块受载的带有边缘裂纹透明薄板试件的局部高应变场区域时,由于域内各处厚度的变化十分悬殊,使透过的光线发生强烈偏折和汇聚,在试件与像屏间的空间形成一个明亮的曲面,称为焦散面。若用一个半透明屏幕切割此焦散面,就可看到一条明亮的曲线,即焦散线。通过光学和力学分析,可将焦散线的几何参数与奇异场的力学参数间的关系建立起来,从而通过测量焦散线的几何形状,求出有关的力学量。

焦散线法从原理上讲不需要相干光，但常用 He-Ne 激光，因为它很容易实现扩束和准直，有利于焦散线的获得。我国从 20 世纪 80 年代初开始焦散线法的研究和应用，研究了各种形式的裂纹尖端应力强度因子和一些接触问题。

5. 光纤传感技术

现代光测技术中，光纤以它的柔韧性在测试中发挥独特的作用。按折射率分布来分类，可分为阶跃折射率多模光纤、梯度折射率光纤和单模光纤。光纤的一种作用是传光，可以把光投射到一点上，也可以投射到一个场上。单模光纤可以保持光的相干性，因而可用于全息干涉和散斑干涉。光纤的另一种功能是传像，它可用于内窥检测，在航空发动机叶片及叶轮的疲劳裂纹检测方面已应用多年。

用光纤作"传"和"感"的元件，当光通过光纤时，光的某一特性（如光强、相位、波长、偏振等）受到被测物理量的影响而发生变化，利用这一变化即可测得诸如声压、电场、磁场、位移、加速度、应变、温度等。光纤传感器的独特优点是：光纤是一种绝缘介质，不受电磁干扰，能耐高温高压，能在腐蚀和易燃、易爆等恶劣环境下工作；光纤灵敏度高，能探测极弱的信号和微小的信号变化；可做成便于应用的任何形状；光纤作为传输介质，损耗低，可作远距离遥测和遥控；能构成对各种物理量（如声、电、磁、温度、转动等）微扰敏感的器件。因此，光纤传感器在传感器领域内占有重要地位。

6. 数字图像相关法

数字图像相关法（Digital Image Correlation Method，简称 DICM），又称为数字散斑相关方法（Digital Speckle Correlation Method，简称 DSCM），是应用计算机视觉技术的一种图像测量方法。它利用摄像机获取变形前后被测物体表面的数字图像，再通过对变形前后的图像进行相关匹配运算得到被测物体表面各点的位移。

数字图像相关法是一种新型的非接触式光学测量方法，自从 20 世纪 80 年代初被提出至今，得到了突飞猛进的发展，并且由于其独特的优势，现被应用于多个学科领域。它具有非接触、全场测量、数据采集过程简单、测量精度高、测量环境要求低、便于实现整个过程自动化等诸多优点。

第四章　光弹性测试实验

实验一　光弹仪的构造及光学效应

一、实验目的

(1)熟悉光弹仪的构造及作用,掌握仪器的使用与调整。
(2)观察受力光弹塑料模型在偏振光场中的光学现象。

二、实验仪器、设备

数码光弹仪一套,光弹性模型数个。

三、实验原理

光弹性法是建立在某些有应力的透明材料具有人为双折射现象的基础上,使应力的测量转化为光学的测量。当一束自然光通过起偏镜后得到平面偏振光,它垂直透射一受载荷的平面模型时,将沿着一点上的两主应力 σ_1 和 σ_2 方向分解成两束速度不同的平面偏振光,通过模型后,产生一相对光程差 Δ。实验证明,光程差与该点的主应力差成正比,与模型的厚度成正比。因此,得到应力光性定律如下:

$$\Delta = C\delta(\sigma_1 - \sigma_2) \tag{4-1}$$

式中:C 为应力光学系数;

　　δ 为模型厚度。

具有相对光程差 Δ 的上述两束偏振光,通过检偏镜后,发生干涉。当检偏镜与起偏镜的偏振轴互相正交时,干涉后的光强度 I 为

$$I = Ka^2 \sin^2 2\theta \sin^2 \frac{\pi\Delta}{\lambda} \tag{4-2}$$

式中:λ 为光的波长;

　　θ 为主应力与偏振轴之间的夹角;

　　K 为常数。

因此,将出现两类光强度为零的干涉条纹,也就是等差线和等倾线。若在正交平面偏振光场中,放置一对径受压圆盘,可以得到等倾线和等差线的组合条纹。若用单色白光作光源,等差线为彩色条纹。若用单色光作光源,等差线为黑色条纹。但不管用何种光源,等倾线始终是黑色条纹。

四、实验步骤

实验中所用的数码光弹仪如图4-1所示。

图4-1　数码光弹仪

（1）打开仪器箱,依次取出底座、2个底座固定旋钮,把主支架固定在底座上。取出一对镜头,分别安装在主支架的两端。取出数码相机的支架,小心安装上数码相机,调整到适当高度。数码相机一侧为观察端,另一侧镜头中心对准电脑屏幕。取出传感器的数显表,安装好传感器信号线以及数显表电源线。利用PowerPoint制作出单色光和白光幻灯片。

（2）做圆盘实验时,换上圆盘加压头;做梁纯弯曲实验时,换上压梁组件;做孔边应力分析实验时,换上拉伸组件。

（3）通过旋转加载架顶端的螺旋杆对试件施加适当的力(顺时针:施加拉力,数显表显示为负值;逆时针:施加压力,数显表显示为正值)。

（4）观察在平面偏振布置和圆偏振布置的情况下,当起偏镜和检偏镜偏振轴互相垂直(暗场)和相互平行(亮场)时两种布置方法的光学现象。

（5）观察等差线及等倾线的形成过程。

（6）在圆偏振布置中,观察等倾线消除现象,进一步理解四分之一波片的作用。

（7）在更换镜头时,要轻拿轻放,线偏振镜头和圆偏振镜头要分开,防止混淆。

（见镜头标记为 PL、CPL。）

五、实验报告要求

简述数码光弹仪的原理及实验操作心得。

实验二　光弹性材料条纹值和应力集中系数的测定

一、实验目的

(1)学会绘制等差线图,确定条纹级数(整数级、1/2 级和分数级)。

(2)掌握测定材料条纹值和应力集中系数的方法。

二、实验仪器、设备

数码光弹仪一套,光弹性标准试件两个,应力集中试件一个。

三、实验原理

1.等差线现象及分析

联系式(4-1)来看,当 $\Delta = N\lambda (N=0,1,2,3,\cdots)$ 时,出现第一类干涉条纹。它是模型上光程差等于光源波长整数倍的点形成的暗条纹,称为等差线。等差线上的应力差值为

$$\sigma_1 - \sigma_2 = N\frac{f_c}{\delta} \tag{4-3}$$

式中: $f_c = \dfrac{\lambda}{C}$,称为材料条纹值,它表示材料的光学灵敏度,相当于模型材料在厚度 $\delta = 1$ cm、产生 $N=1$ 级时的主应力差;

N 为条纹级数。

2.用圆偏振光使等倾线消除,只显示等差线

为了消除等倾线对等差线的干扰,得到一幅纯等差线图,可采用圆偏光系统换上圆偏振镜头,即可获得圆偏振场。

3.整数级的等差线和半数级的等差线

圆偏振光暗场时的等差线为整数级的等差线,圆偏振光明场时的等差线为半数级的等差线。

四、实验步骤

(1)按实验一中的步骤(1)安装好数码光弹仪。

（2）调整光弹仪各镜轴位置，使之成为双正交的圆偏振布置。

（3）调整加载架，换上圆柱形加压头，调整柱间距离，放进圆盘模型，通过逆时针旋转螺旋杆来进行施加一定大小的力。

（4）调整加载架，将铜压头卡进槽中，分别将长、短支撑块吸附在上、下压头上，把梁模型放进支撑块中，旋转螺旋杆，对梁模型施加压力。

（5）调整加载架，把拉伸组件头卡进上下槽中，旋转螺旋杆调整两拉伸头之间的距离，把拉伸模型安装上去，用固定螺杆穿进孔中固定模型，通过旋转螺旋杆，即可进行拉伸实验。

（6）观察等差线图（必要时可拍照），确定模型中应力已知处的条纹级数。

（7）根据材料条纹值的计算公式（不同模型对应的公式不同），对需要用到的几何参数进行测量。（包括模型厚度、高度、圆盘直径等。）

（8）观察等差线图，确定拉伸模型中应力集中区的最大条纹级数，再根据公式计算应力集中系数。

五、实验报告要求

（1）计算两种标准试件的材料条纹值。

（2）计算应力集中试件的应力集中系数。

实验三　平面光弹性实验

一、实验目的

(1)学会绘制等倾线图。

(2)用剪应力差法计算标准模型中某一截面上的应力分布。

二、实验仪器、设备

数码光弹仪一套,光弹性标准试件一个。

三、实验原理

1.等倾线现象和分析(用选配的平面偏振镜头)

联系式(4-2)来看,当 $\theta = 0°$ 或 $90°$ 时,产生第二类干涉条纹。它是模型上某些主应力方向与偏振方向重合的点所形成的暗条纹,称为等倾线。

2.等倾线与等差线的区分

为了区别等倾线和等差线,可改用白光光源。这时等倾线仍是黑色的,而等差线除零级条纹外,都是彩色的。同步旋转检偏镜和起偏镜,可得出各种角度的等倾线,由等倾线资料可画出主应力迹线。

四、实验步骤

(1)按实验一中的步骤(1)安装好数码光弹仪。

(2)调整光弹仪各镜轴位置,使之成为正交平面偏振布置。

(3)调整加载架,安装标准试件。

(4)按一定的角度间隔小心旋转加载架,观察等倾线图(必要时可拍照)。

(5)绘制等倾线图,并注明等倾线角度。

(6)调整光弹仪各镜轴位置,在双正交圆偏振布置下绘制等差线图,并确定条纹级数。

五、实验报告要求

(1)绘制等倾线图。

(2)用剪应力差法计算标准试件某一截面上的应力分布。

实验四　三维光弹性实验

一、实验目的

(1)掌握应力冻结和切片技术。

(2)用正射和斜射法测定三维冻结模型表面和内部的应力分布。

二、实验仪器、设备

数码光弹仪一套,烘箱一个,冻结加载装置,切片机,配制浸没液的药品。

三、实验原理

光弹性应力冻结法是光弹性法的一种,是将光弹性模型加热到冻结温度时,施加载荷,再缓慢冷却至室温后卸载。模型承受载荷时产生的双折射效应将保存下来,即使将模型切成薄片,其双折射效应也不会消失,这种特性称为应力冻结效应。此法即是利用这种效应进行三维光弹性应力分析。

用偏振光照射冻结切片时,只有垂直于偏振光入射方向的平面中才有双折射效应。沿着偏振光照射方向的平面中,虽然也有应力存在,但并不显示出双折射效应。切片平面中的干涉条纹和垂直于偏振光入射方向的平面内最大和最小的正应力之差成正比。这最大和最小的正应力往往不是主应力,但它们的性质和二维应力分析中的主应力类似,故称为次主应力。对于切片中的同一测点,选用不同入射方向的偏振光,可得到不同的次主应力,其大小和偏振光的入射方向有关,这是它和主应力的根本差别。沿着切片厚度,应力的大小和方向都连续变化。因此,由干涉条纹得到的应力是沿切片厚度的平均值。但是,当切片厚度远小于模型尺寸时,沿切片厚度的应力平均值可以准确地反映该点的应力状态。

采用三维光弹性应力冻结法时,通常将冻结模型切成薄片或小条,应用正射和斜射的方法测取等差线条纹和等倾线,再用剪应力差法计算其正应力。

四、实验步骤

(1)制作三维光弹性塑料模型。

(2)进行应力冻结。

(3)选择切片位置,进行切片。

(4)配置浸没液,供斜射时使用。

(5)对切片进行正射和斜射试验,算出模型表面和内部的应力分布。

五、实验报告要求

计算模型切片表面和内部的应力分布。

实验五　环氧树脂光弹性模型制作

一、实验目的

掌握环氧树脂光弹性模型的制作方法。

二、实验仪器、设备

配置环氧树脂光弹性模型的原料，配置脱模剂的原料，制作模具的原料，容器数个，恒温箱，磅秤。

三、实验原理

理想的光弹性材料应满足下列要求：

(1)透明度好，均质；受力前呈力学和光学各向同性，受力后具有暂时双折射现象。

(2)光学灵敏度高，即材料条纹值 f 较小。

(3)要求应力—应变，应力—条纹之间在较宽的范围内具有线性关系。

(4)无初应力。如有初应力，则要求经退火后易于消除。

(5)材料具有较小的时间边缘效应和光学蠕变效应。

(6)具有良好的加工性能。要求不脆，易于切削加工，加工效应小。

(7)便于制造，价格便宜。

由于环氧树脂塑料具有较高的光学灵敏度，光学蠕变和力学蠕变较小，颜色较淡，基本能满足光弹性实验的要求，故已成为国内外使用较为普遍的一种模型材料。

四、实验步骤

(1)做好各项准备工作，包括器材准备，玻璃平板及其他器皿的彻底清洁，保证无尘，室内卫生，烘箱的温度控制检查，环氧树脂各种配方的准备和称料、预热等工作。

(2)玻璃平板上涂上脱膜剂。

(3)时隔 6 h 左右，拼摸、预热。

(4)环氧树脂在油溶中预热 70 ℃，加入二丁脂并搅拌约 15 min 再缓缓加入已经熔化的酸酐，并搅拌约 30 min，最后静置 10 min。

（5）采用各种办法,将环氧树脂混合液缓缓注入玻璃模具,不得带入气泡。

（6）在 50～55 ℃中恒温三天,然后降至室温拆模。

（7）环氧平板平置,升温至 115 ℃。恒温一天,再缓缓降温至室温。

五、实验报告要求

（1）按照上述步骤,制作一块环氧树脂平板。

（2）加工一个指定构件的环氧树脂平面模型。

实验六　贴片光弹法实验

一、实验目的

(1)初步掌握反射式光弹仪的使用。

(2)了解贴片法的原理与应用。

二、实验仪器、设备

反射式光弹仪,贴片光弹材料(环氧树脂),金属构件,万能拉伸试验机,数码相机。

三、实验原理

将应变光学灵敏度较高的一种光弹性塑料薄片(简称贴片)粘贴在被测构件表面,通过测定贴片随构件表面变形而产生的等差线干涉条纹级数,求得该构件表面应变分布的一种实验应力分析方法。它能直接从工程构件表面测得应变的全场分布状况,并准确测定构件应力集中现象,故能将常用的光弹性实验技术用到工业现场的实测中去。

光弹性贴片牢固地粘贴在构件表面,在载荷作用下,假定构件表面的应变完全传递给贴片,因此贴片中各点的应变与构件表面相应点的应变相等,即有

$$\varepsilon_1^c = \varepsilon_1^s \quad \varepsilon_2^c = \varepsilon_2^s \tag{4-4}$$

其中,上标 c 表示贴片,上标 s 表示构件表面。此外,构件自由表面处于平面应力状态,贴片较薄,垂直于表面方向的应力均为零,即 $\sigma_3^c = \sigma_3^s = 0$。

根据应力与应变的关系,在贴片中有

$$(\sigma_1 - \sigma_2)_c = \frac{E_c}{1 + \mu_c}(\varepsilon_1 - \varepsilon_2) \tag{4-5}$$

又根据平面光学定律,考虑到在反射式偏光系统中,光线通过贴片两次,故在贴片内有

$$(\sigma_1 - \sigma_2)_c = \frac{N f_\sigma}{2 h_c} \tag{4-6}$$

其中, f_σ 为贴片材料应力条纹值, N 为等差线条纹级数, h_c 为贴片厚度。

将式(4-6)代入式(4-5)并注意到 $(\varepsilon_1 - \varepsilon_2)_c = (\varepsilon_1 - \varepsilon_2)_s$,则得

$$(\varepsilon_1 - \varepsilon_2)_s = \frac{1 + \mu_c}{E_c} \cdot \frac{N f_\sigma}{2 h_c} = \frac{N f_s}{2 h_c} \tag{4-7}$$

其中，$f_s = \dfrac{1+\mu_c}{E_c} f_\sigma$ 称为贴片材料的应变条纹值,可由 E_c、μ_c、f_σ 值计算得到,也可通过典型试验得到。

再根据构件表面的应力应变关系,可求得构件表面的主应力差值

$$(\sigma_1 - \sigma_2)_s = \frac{E_s(1+\mu_c)}{E_c(1+\mu_s)} \cdot \frac{Nf_\sigma}{2h_c} \qquad (4-8)$$

式(4-7)和(4-8)分别表示构件表面主应变差和主应力差与等差线条纹级数 N 之间的关系。由此可知,通过反射式偏光系统测得贴片内的等差线条纹级数 N,就可由式(4-7)或(4-8)计算得到构件表面的主应变差或主应力差。

四、实验步骤

(1)将光弹性材料(环氧树脂)贴片均匀地粘贴在轴向拉伸、纯弯曲梁等已知应力状态的典型试件上,通过标定试验可测得贴片材料的应变条纹值。

(2)将粘贴有光弹贴片的金属构件在万能试验机上进行拉伸,在不同载荷时进行图像记录,根据式(4-7)计算可得不同载荷下各级条纹所对应的应变差值。

(3)根据应力应变关系,可得到各级条纹所对应的应力差值。

(4)借助反射式光弹仪,采用斜射法分离贴片主应变。

五、实验报告要求

(1)计算金属构件在不同条纹级数下的应变差和应力差值。

(2)计算金属构件某一截面上的应力分布。

实验七　全息照相实验

一、实验目的

理解全息照相造像和再现的基本原理并掌握其实验的基本技能。

二、实验设备、仪器

防震光学平台，He-Ne激光器，全息照相所用光学元件，显影液（D-19），定影液（F-5）。

三、实验原理

全息照相和普通照相的原理完全不同。普通照相通常是通过照相机物镜成像，在感光底片平面上将物体发出的或它散射的光波（通常称为物光）的强度分布（即振幅分布）记录下来。由于底片上的感光物质只对光的强度有响应，对相位分布不起作用，所以在照相过程中把光波的位相分布这个重要的信息丢失了。因而，在所得到的照片中，物体的三维特征消失了，不再存在视差，改变观察角度时，并不能看到像的不同侧面。全息技术则完全不同，由全息术所产生的像是完全逼真的立体像（因为同时记录下了物光的强度分布和位相分布，即全部信息），当以不同的角度观察时，就像观察一个真实的物体一样，既能看到像的不同侧面，也能在不同的距离聚焦。典型的全息记录装置如图4-2所示。

全息照相在记录物光的相位和强度分布时，利用了光的干涉。从光的干涉原理可知，当两束相干光波相遇发生干涉叠加时，其合强度不仅依赖于每一束光各自的强度，同时也依赖于这两束光波之间的相位差。在全息照相中就是引进了一束与物光相干的参考光，使这两束光在感光底片处发生干涉叠加，感光底片将与物光有关的振幅和位相分别以干涉条纹的反差和条纹的间隔形式记录下来，经过适当的处理，便得到一张全息照片。

四、实验步骤

（1）调节防震台。分别对三个低压囊式空气弹簧充气，注意三个气囊充气量要大致相同，然后成等腰三角形放置，气嘴应向外。然后再把钢板压上。用水平仪测量钢板的水平度，如果不平，可稍稍放掉一些某个气囊中的空气，直到调平为止。

(2)打开激光器,参照图4-2摆好光路,使光路系统满足下列要求:

①物光和参考光的光程大致相等。

②经扩束镜扩展后的参考光应均匀照在整个底片上,被摄物体各部分也应得到较均匀照明。

③使两光束在底片处重叠时之间的夹角约为45°。

④在底片处物光和参考光的光强比约为1:2～1:6。

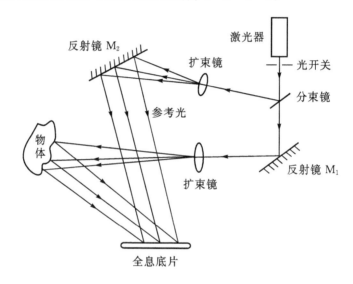

图4-2 全息记录装置

(3)关上照明灯(可开暗绿灯),确定曝光时间,调好定时曝光器。可以先练习一下快门的使用。

①关闭快门挡住激光,将底片从暗室中取出装在底片架上,应注意使乳胶面对着光的入射方向。静置三分钟后进行曝光。曝光过程中绝对不准触及防震台,并保持室内安静。

②显影及定影。显影液采用D-19,定影液采用F-5。如室温较高,显影后底片应放在5%冰醋酸溶液中停显再定影。显影定影温度以20℃最为适宜。显影时间2～3 min,定影时间5～10 min。定影后的底片应放在清水中冲洗5～10 min(长期保存的底片定影后要冲洗20 min以上),晾干。

五、实验报告要求

(1)简述全息照相造像和再现的基本原理。

（2）简述全息照相与普通照相的基本区别。

（3）简述全息照相的主要步骤。

实验八　全息干涉二次曝光法测定悬臂梁挠度实验

一、实验目的

通过应用全息干涉二次曝光法测定悬臂梁的挠度,进一步掌握全息的原理,深入理解全息干涉法在工程力学中的实际应用。

二、实验设备、仪器

全息照相的整套装置,待测悬臂梁,显影液(D-19),定影液(F-5)。

三、实验原理

二次曝光全息干涉法就是在同一片感光板上分别记录同一物体变形前后的两张全息照片(全息图)。先后二次曝光的唯一差别在于后一次曝光前该物体有了一个微小的变形或移动,而全息防震台上的整个拍摄装置、元件仍保持原状。故当在再现观察时,用再现光波照射这张经过双重曝光后,又经过化学冲洗处理(显影、定影处理)的全息照片时,在看到再现物体的同时,还会在像的表面上看到由于物体的微小形变或位移而产生的干涉条纹。图4-3为二次曝光法测量悬臂梁变形的光路图。

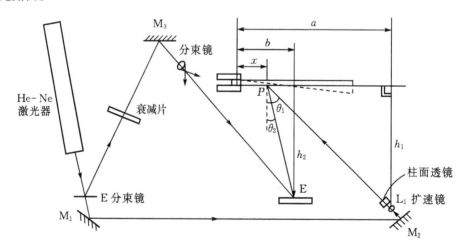

图 4-3　二次曝光法光路图

四、实验步骤

(1)测量悬臂梁的几何尺寸,确定材料的弹性模量 E。

(2)布置全息干涉法光路。

(3)未加荷载时对悬臂梁进行一次曝光,使用 25 mW 激光器曝光时间约 15 s。

(4)在悬臂梁端部加一适当的法向荷载,其他部分不能有任何移动。

(5)稳定后,再进行第二次曝光。

(6)底片进行显影、停影、定影、漂白、烘干处理。

(7)在参考光下再现悬臂梁虚像并测读条纹。

(8)按公式计算各点照度值。

$$Z = \frac{n\lambda}{\cos\alpha + \cos\beta} \qquad 明条纹$$

$$Z = \frac{(2n-1)\lambda}{2(\cos\alpha + \cos\beta)} \qquad 暗条纹$$

(9)将实验值与理论解进行比较,分析精度误差。

理论解:

$$W_2 = -\frac{PL^3}{6EJ}\left[2 - 3\frac{Z}{L} + \left(\frac{Z}{L}\right)^3\right]$$

当 $Z=0$ 时

$$W = -\frac{PL^3}{3EJ}$$

五、实验报告要求

测读悬臂梁的条纹级数并计算挠度。

实验九　激光散斑法测金属的弹性模量

一、实验目的

(1)通过实验加深对激光散斑法的理解。
(2)学会用散斑法测量金属的弹性模量。

二、实验仪器、设备

全息实验台,He-Ne激光器一台,杠杆加载法和滑块加载法装置各一台,照相机镜头一个,米尺、游标卡尺、千分尺各一把,光具座、光屏及暗室、洗相药水工具各一套,待测样品(金属丝或金属梁)和全息干板若干。

三、实验原理

1.散斑的产生

激光照射在漫反射的物体表面上发生反射,反射光可以看成是由漫反射表面上的许多子光源所发出。由于激光的高度相干性,子光源发出的光在漫反射表面前立即发生干涉,从而形成一组随机分布的亮斑和暗斑,称为"激光散斑"。散斑的空间分布称为散斑场。散斑形似雪茄,由漫反射表面向外辐射。当我们把漫反射表面变形前后的散斑场同时记录在一张底片上,并对底片进行分析,就可以得到物体表面变形的大小和方向。

2.散斑记录

在图4-4所示光路中,L为成像透镜,调节L与H之间的距离,使被测点的像清晰地成像于干板H上,先进行一次曝光,记录一组随机分布的散斑图。若在物体加载发生微小变形后再进行一次曝光,则又记录一组和前组分布相似的散斑图。这两个散斑图恰好错动一个微小的位移量,设此量为b,则干板上将有无数对孔距为b的亮斑和

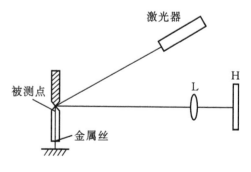

图4-4　散斑干涉光路

暗斑。

3. 信息的提取

将上面两次曝光得到的底片经显影、定影处理后,用不扩束的激光照射,如图 4-5 所示。在距离 H 为 l 的光屏 S 上,将观察到一组等距离的干涉条纹,其条纹间距 $\Delta x = l\lambda/b$,故微小位移量 $b = \dfrac{l\lambda}{\Delta x}$。由图 4-4 可知,被摄点是经透镜 L 成像于 H 上的。故考虑到照相机的放大系数 M,则微小位移量 $b = \dfrac{l\lambda}{M\Delta x}$。

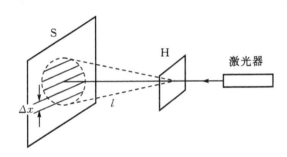

图 4-5　提取信息

4. 杨氏模量的计算

从杨氏模量的定义可以推出

(1)金属丝杨氏模量计算公式

$$E_{丝} = \frac{4FL_0 M\Delta x}{\pi d^2 l\lambda} \tag{4-9}$$

式中:F 为产生变形时所加外力;

L_0 为金属丝未加载时的原始长度;

d 为金属丝直径。

(2)金属梁杨氏模量计算公式

$$E_{梁} = \frac{4FL^3 M\Delta x}{ah^3 l\lambda} \tag{4-10}$$

式中:F 为使梁弯曲时所加的外力;

a 为梁宽;

h 为梁厚;

L 为梁长。

本实验成功与否,关键在于夹持被测物件的加载系统是否稳定,如图 4-6 和图 4-7 所示即为本实验的杠杆加载法(适用于金属丝)和滑块加载法(适用于金属梁)。

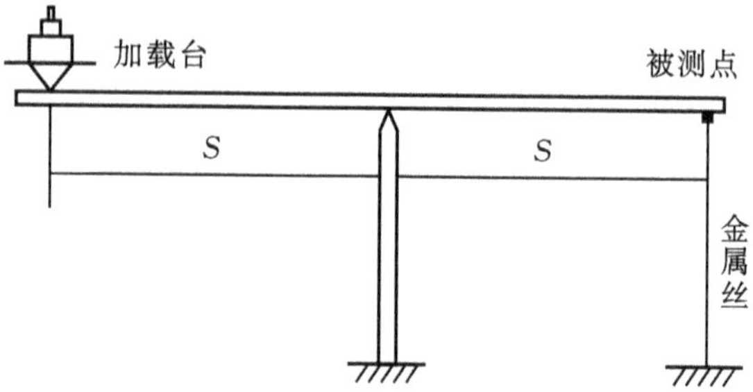

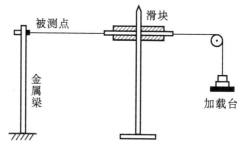

图4-6 杠杆加载法（适用于金属丝）

图4-7 滑块加载法（适用于金属梁）

四、实验步骤

（1）将被测系统放于全息实验台上，在被测点上贴一个全反镜，用它组成一个迈克尔逊光路（如图4-8所示），以观察其干涉条纹的变化（看条纹是否有漂移和抖动）来确定系统是否稳定可用。

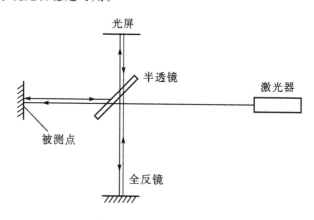

图4-8 迈克尔逊光路

（2）按图 4 - 4 组装好拍摄光路,并按"散斑记录"所述步骤拍照。注意:加载要适当,如果加载过大,则再现时干涉条纹过密,不易分辨;加载太小,再现时干涉条纹过疏,准确度降低。曝光时间,第二次应比第一次多一点,显影应稍过一点,以增加再现时条纹的对比度。

（3）按图 4 - 5 光路将处理好的两次曝光干板进行分析,用米尺测长,多次测量法计算出 l 和 Δx,用千分尺测 d,游标卡尺测 a 和 h,米尺测 L,M 可从图4 - 4的光路中量出像距和物距之长,由 $M=$ 像距/物距计算得到。

（4）记录结果。

五、实验报告要求

根据所记录的结果,计算出金属丝或金属梁的弹性模量。

实验十　云纹干涉法测纯弯曲梁的正应力分布

一、实验目的

(1)学习全场云纹干涉法及计算机调控技术和处理技术。

(2)学会用云纹干涉法测量纯弯曲梁上应力随高度的分布规律。

二、实验仪器、设备

压力实验机,微机调控干涉云纹仪,微型计算机,低碳钢矩形截面梁试件。

三、实验原理

最常见的云纹干涉法光路是 Post 等人倡导的双光束对称入射试件栅光路,如图 4-9 所示。Post 最早对云纹干涉法进行了解释:对称于试件栅法向入射的两束相干准直光在试件表面的交汇区域内形成频率为试件栅两倍的空间虚栅,当试件受载变形时,刻制在试件表面的试件栅也随之变形,变形后的试件栅与作为基准的空间虚栅相互作用形成云纹图,该云纹图即为沿虚栅主方向的面内位移等值线,并提出了类似于几何云纹的面内位移计算公式

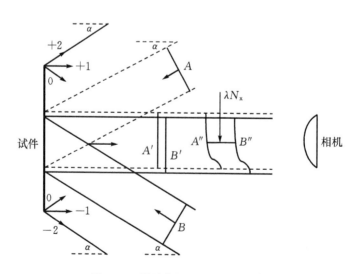

图 4-9　最基本的云纹干涉法光路

$$U = \frac{N_x}{2f} , \quad V = \frac{N_y}{2f} \qquad\qquad (4-11)$$

Post 的这种最初解释借助了几何云纹的基本思想,给云纹干涉法以简单描述,这对建立概念是有用的。正像 Post 所指出的一样,云纹干涉法的本质在于从试件栅衍射出的翘曲波前相互干涉,产生代表位移等值线的干涉条纹。

云纹干涉测量法是一种对变形物体面内位移的高灵敏度全场测量方法。此种方法可以分析结构和机械零件的变形,非均质和非线性材料的基本变形特性和断裂现象。由于其灵敏度高,这些位移测量结果可以很好地满足应变精度要求。而且,位移场的实验测定在今天检验工程问题有限元方法准确性是特别重要的。

四、实验步骤

(1)将已粘贴好高频光栅(1 200 线/mm 或 600 线/mm)的钢梁试件安装到加载架上。

(2)调整测试仪器与试件的相对位置,使其测试距离、对中程度(光束入射角)达到要求,并保持测试仪处于水平状态,出射光束中心与试件栅中心重合。

(3)熟悉微机调控云纹干涉仪的操作,包括对光栅频率的微机调节、初始云纹调节技术以及条纹冻结、存储及再现技术的掌握。

(4)在实验机压头与试件接触后,调节初始条纹,使其处于对称接近零状态,然后冻结和存储条纹。

(5)分三次加载,每次加载根据实验而定,每次加载后将条纹冻结、存储。

(6)对采集的条纹图进行计算机滤波消噪,提高对比度和进行细化处理,然后进行测试全场扫描,提取位移、应变、弹性模量或泊松比处理。如果初始条纹较多,可补充加载条纹数据减去初始数据,然后提取测试量。

(7)用打印机将获得的云纹图、预处理后的条纹图及测试量分布图、数据表格打印。

注意:为了多次使用测试试件,总加载应控制在试件处于弹性变形状态范围内。

五、实验报告要求

(1)根据所记录的结果,得到纯弯曲梁上正应力的分布规律。

(2)将测试结果与电测结果进行对比分析,评价两种方法的优劣。

实验十一　认识光纤干涉仪

一、实验目的

(1)了解光纤结构、光纤端面的一般处理方法及光纤的耦合方法。

(2)通过摆放光纤干涉仪的光路,了解光纤马赫—曾德尔干涉仪的结构和特点。

(3)了解干涉仪作为温度传感器的参数特性及其作为一台测量仪器的定标。

二、实验仪器、设备

光纤干涉仪一套,包括以下部件:

编号	部件名称	数量
1	半导体激光器＋二维调整架	1套
2	二维可调分束镜	1套
3	7自由度光纤耦合调整架	2套
4	温控仪	1台
5	光纤座	1个
6	CCD摄像头	1个
7	监视器	1台
8	光纤	1盘
9	光纤刀	1把
10	剥皮钳	1把
11	白屏	1个
12	磁性表座	7个

三、实验原理

干涉仪的光路原理图如图4-10所示。

由长相干半导体激光器发出的激光束,经分束镜后一分为二,分别打在两个7自由度光纤耦合调整架中的聚焦透镜上进行聚焦。调整光纤的方向、距离和位置,使经过处理的光纤端面正好位于激光焦点处,以使尽量多的激光进入光纤。进入

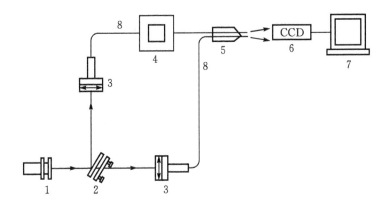

图 4 - 10　光纤干涉仪光路原理图

光纤并符合传输条件的激光从光纤的另一端输出并发散。将两条光纤的输出端并拢,使两束激光重叠合并。在适当的条件下,重叠区将产生干涉条纹。光纤的直径决定了干涉条纹非常细密,以肉眼观察很难观察清楚。我们在这里采用了 CCD 摄像头对干涉条纹进行放大处理,调整摄像头距光纤出光端面的距离和位置,在监视器上就可观察到对比适当、宽窄适度的干涉条纹。适当地固定好光纤,分别将手掌靠近其中的一条光纤,我们将会看到干涉条纹快速移动。

四、实验步骤

(1)放好激光器,打开电源。调整激光器的俯仰角,使激光束基本平行于桌面。锁死磁性底座。

(2)在距激光器 10 cm 左右处放上分束镜,并调整光束与分束镜之间的夹角,使透射光和反射光光强大致相等。锁死磁性底座。

(3)在两束光的光路上分别放上 7 自由度光纤耦合调整架,使激光束正入射聚焦透镜,并锁死磁性底座。取下光纤夹,将一张白纸放在聚焦透镜后,前后移动白纸,并从光纤夹安装孔中观察激光打在白纸上的情况。仔细调整聚焦透镜的位置,使落在白纸上的光斑明亮而对称,并记下焦点处的大致位置。

(4)从光纤盘中裁下 1～1.5 m 长的光纤两根,用剥皮钳分别剥下光纤两端约 10 mm 长的塑料涂覆层,再用笔式光纤刀在 4～5 mm 处轻划一刀(注意不要直接切断光纤),感觉有一点发涩,有点划玻璃的感觉。在轻划处弯曲光纤,使之在此处断裂。切割后的光纤端面应不再触摸。

(5)将经过切割处理的光纤放进光纤夹的细缝中并伸出 4～8 mm,压上弹簧片插入耦合架中,使光纤端面大致位于激光焦点处,旋紧锁紧螺钉。(注:在将光纤放入光纤前,一定要剔除光纤夹中的残留断光纤。)

(6)仔细调整耦合调整架,使激光耦合进光纤。这时光纤端面将很明亮,光纤夹尾端的光纤也会发红。

(7)观察光纤输出端的情况,应可看到有红色激光输出,使输出激光打在白屏上,观察其强弱和形状。

(8)反复仔细调整耦合架并观察输出光强和形状的变化,并尽量使之最亮并对称,光斑的形状即反映了光纤的模式。虽然我们采用的光纤为光纤通信用单模光纤,但在这里我们看到的光斑光强分布并不是一个单模高斯分布。

(9)按以上方法将另一根光纤同样安装耦合好,并将出光端合并,等长地放在光纤座上,用磁吸压住。

(10)在出光端前约 10 cm 处放置 CCD 摄像头并使两光束进入摄像头。打开监视器电源,应可观察到干涉条纹的图像。适当调整距离和对比度,并注意 CCD 要背光以得到对比度和宽窄适当的条纹图像。

(11)将其中的一条光纤作为测量臂,将其固定在半导体致冷片上,压上盖板准备测量(致冷片宽度 30 mm)。

(12)待条纹稳定一段时间后,缓慢调节制冷片的温度,并同时记录下条纹的移动情况。为了减少误差可反复测量 2～4 次取平均值,求出仪器灵敏度。

(13)弯曲、折叠光纤,使光纤反复通过致冷片表面,使敏感长度分别为 30 mm 的 1、2、3 倍。重复步骤(12)的操作,求出灵敏度与敏感长度的关系。

五、实验报告要求

计算仪器灵敏度与敏感长度的关系。

实验十二　光强调制型光纤位移传感器测量位移

一、实验目的

(1)了解光纤位移传感器的工作原理。

(2)了解光纤位移传感器的输出特性。

(3)加深对传感器一些主要静态性能指标的理解。

二、实验仪器、设备

位移标定架一台,简易光纤位移传感器硬件系统一套,万用表一个,直流稳压电源一台。

三、实验原理

光强调制型光纤位移传感器是一种非功能型光纤传感器,光纤只起到传光的作用。该传感器是一基于改变反射面与光纤端面之间距离的反射光强调制型传感器,反射面是被测物体的表面,如图 4 - 11 所示。

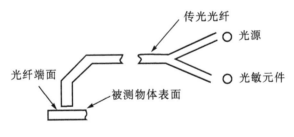

图 4 - 11　原理图

实验中光纤组合探头端面即是光纤端面,标定架实验反射面即是被测物体表面,光源是红外发光二极管,光敏元件是 3DU912B 光敏三极管。光纤组合探头如图 4 - 12 所示。

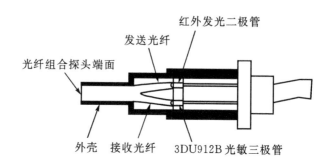

图 4 - 12 光纤组合探头

固定物体反射面标定架如图 4 - 13 所示。

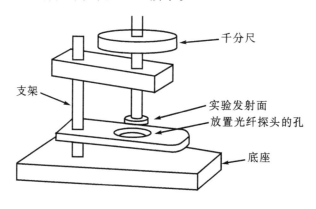

图 4 - 13 标定架

光纤探头固定在孔中,利用螺旋测微器精确测量反射面的位移。由于反射面与探头的距离发生改变,那么光敏三极管感受的光强就要发生变化,最后这个变化将反映在硬件系统的输出上。光纤位移传感器的输出特性如图 4 - 14 所示。

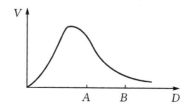

图 4 - 14 光纤位移传感器的输出特性

从图中可以看出随着 D(探头和实验面的距离)的增大,输出电压 V 即光通量先增大后减小,但在增大过程中灵敏度太高,所以实验将 D 控制在灵敏度相对较低的 AB 段,即事先让反射面和探头端面的距离跨过灵敏度高的区域。

四、实验步骤

(1)在放置光纤探头的孔里固定光纤探头。

(2)连接数据传输线和电源线。

(3)打开电源,调整电源到实验要求的大小(±15,$+5$)。

(4)适当调整反射面到光纤探头的距离(1 cm 左右),然后将螺旋测微器游动端定在零点。

(5)打开简易光纤传感器硬件系统开关,指示灯亮表示电路已经通电。

(6)将万用表调到 20 V 挡和硬件系统相连,观察输出。

(7)正方向转动螺旋测微器,每转动两圈记一次读数,记七次。然后再反方向转动,每转动两圈记一次读数,记七次到零。(注意:只能往一个方向转动,避免产生回程误差。)

(8)重复步骤(7)三次,完成数据测量。

五、实验报告要求

(1)根据实验数据画出输出特性曲线。

(2)计算端基线性度、往返程重复性、迟滞等三项静态参数指标。

实验十三　光的等厚干涉现象与应用

（1）通过实验加深对等厚干涉现象的理解。

（2）掌握用牛顿环测定透镜曲率半径的方法。

（3）通过实验熟悉测量显微镜的使用方法。

测量显微镜,牛顿环,钠光灯。

当一束单色光入射到透明薄膜上时,通过薄膜上、下表面依次反射而产生两束相干光。如果这两束反射光相遇时的光程差仅取决于薄膜厚度,则同一级干涉条纹对应的薄膜厚度相等,这就是所谓的等厚干涉。

本实验研究牛顿环所产生的等厚干涉。

1.等厚干涉

如图 4-15 所示,玻璃板 A 和玻璃板 B 二者叠放起来,中间加有一层空气(即形成了空气劈尖)。设光线 1 垂直入射到厚度为 d 的空气薄膜上。入射光线在 A 板下表面和 B 板上表面分别产生反射光线 2 和 2′,二者在 A 板上方相遇。由于两束光线都是由光线 1 分出来的(分振幅法),故频率相同、相位差恒定(与该处空气厚度 d 有关)、振动方向相同,因而会产生干涉。我们现在考虑光线 2 和 2′ 的光程

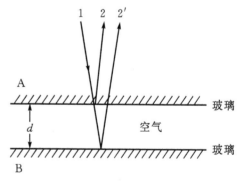

图 4-15　等厚干涉的形成

差与空气薄膜厚度的关系,显然光线 2′ 比光线 2 多传播了一段距离 2d 。此外,由于反射光线 2′ 是由光密媒质(玻璃)向光疏媒质(空气)反射,会产生半波损失。故总的光程差还应加上半个波长 λ/2 ,即 $\Delta = 2d + \lambda/2$ 。

根据干涉条件,当光程差为波长的整数倍时相互加强,出现亮纹;为半波长的奇数倍时互相减弱,出现暗纹。因此有

$$\Delta = 2d + \frac{\lambda}{2} = \begin{cases} 2K + \frac{\lambda}{2} & K = 1,2,3 \text{ 时,出现明条纹} \\ (2K+1) \cdot \frac{\lambda}{2} & K = 0,1,2 \text{ 时,出现暗条纹} \end{cases} \qquad (4-12)$$

光程差 Δ 取决于产生反射光的薄膜厚度。同一条干涉条纹所对应的空气厚度相同,故称为等厚干涉。

2.牛顿环

当一块曲率半径很大的平凸透镜的凸面放在一块光学平板玻璃上,在透镜的凸面和平板玻璃间形成一个上表面是球面,下表面是平面的空气薄层,其厚度从中心接触点到边缘逐渐增加。离接触点等距离的地方厚度相同,等厚膜的轨迹是以接触点为中心的圆。

如图 4-16 所示,当透镜凸面的曲率半径 R 很大时,在 P 点处相遇的两反射光线的几何程差为该处空气间隙厚度 d 的两倍,即 $2d$。又因这两条相干光线中一条光线来自光密媒质面上的反射,另一条光线来自光疏媒质上的反射,它们之间有一附加的半波损失,所以在 P 点处得两相干光的总光程差为

$$\Delta = 2d + \frac{\lambda}{2} \qquad (4-13)$$

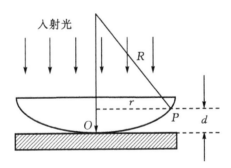

图 4-16　凸透镜干涉光路图

当光程差满足

$$\begin{cases} \Delta = 2m \cdot \frac{\lambda}{2} & m = 1,2,3 \text{ 时,为明条纹} \\ \Delta = (2m+1) \cdot \frac{\lambda}{2} & m = 0,1,2 \text{ 时,为暗条纹} \end{cases} \qquad (4-14)$$

设透镜 L 的曲率半径为 R, r 为环形干涉条纹的半径,且半径为 r 的环形条纹

下面的空气厚度为 d,则由图 4-16 中的几何关系可知

$$R^2 = (R-d)^2 + r^2 = R^2 - 2Rd + d^2 + r^2 \qquad (4-15)$$

因为 $R \gg d$,故可略去 d^2 项,则可得

$$d = \frac{r^2}{2R} \qquad (4-16)$$

这一结果表明,离中心愈远,光程差增加愈快,所看到的牛顿环也变得愈来愈密。将式(4-16)代入式(4-13)有

$$\Delta = \frac{r^2}{R} + \frac{\lambda}{2} \qquad (4-17)$$

则根据牛顿环的明暗纹条件

$$\begin{cases} \Delta = \dfrac{r^2}{R} + \dfrac{\lambda}{2} = 2m \cdot \dfrac{\lambda}{2} & m = 1,2,3 \text{ 时(明纹)} \\ \Delta = \dfrac{r^2}{R} + \dfrac{\lambda}{2} = (2m+1)\dfrac{\lambda}{2} & m = 0,1,2 \text{ 时(暗纹)} \end{cases} \qquad (4-18)$$

由此可得,牛顿环的明、暗纹半径分别为

$$\begin{cases} r'_m = \sqrt{(2m-1)R \cdot \dfrac{\lambda}{2}} & \text{(明纹)} \\ r_m = \sqrt{mR\lambda} & \text{(暗纹)} \end{cases} \qquad (4-19)$$

式中:m 为干涉条纹的级数;

r'_m 为第 m 级明纹的半径;

r_m 为第 m 级暗纹的半径。

以上两式表明,当 λ 已知时,只要测出第 m 级明环(或暗环)的半径,就可计算出透镜的曲率半径 R;相反,当 R 已知时,即可算出 λ。

观察牛顿环时将会发现,牛顿环中心不是一点,而是一个不甚清晰的暗或亮的圆斑。其原因是透镜和平玻璃板接触时,由于接触压力引起形变,使接触处为一圆面;又镜面上可能有微小灰尘等存在,从而引起附加的程差。这都会给测量带来较大的系统误差。我们可以通过测量距中心较远的、比较清晰的两个暗环纹半径的平方差来消除附加程差带来的误差。假定附加厚度为 a,则光程差为

$$\Delta = 2(d \pm a) + \frac{\lambda}{2} = (2m+1)\frac{\lambda}{2} \qquad (4-20)$$

则

$$d = m \cdot \frac{\lambda}{2} \pm a$$

将 d 代入式(4-16)可得

$$r^2 = mR\lambda \pm 2Ra \qquad (4-21)$$

取第 m、n 级暗条纹,则对应的暗环半径为

$$r_m^2 = mR\lambda \pm 2R\lambda$$
$$r_n^2 = nR\lambda \pm 2R\lambda$$
$$\text{(4-22)}$$

将两式相减,得 $r_m^2 - r_n^2 = (m-n)R\lambda$ 。由此可见 $r_m^2 - r_n^2$ 与附加厚度 a 无关。

由于暗环圆心不易确定,故取暗环的直径替换。因而,透镜的曲率半径为

$$R = \frac{D_m^2 - D_n^2}{4(m-n)\lambda} \qquad \text{(4-23)}$$

由此式可以看出,半径 R 与附加厚度无关,且有以下特点:

①R 与环数差 $m-n$ 有关。

②对于($D_m^2 - D_n^2$),由几何关系可以证明,两同心圆直径平方差等于对应弦的平方差。因此测量时无须确定环心位置,只要测出同心暗环对应的弦长即可。

本实验中,入射光波长已知($\lambda = 589.3$ nm),只要测出 D_m 和 D_n ,就可求得透镜的曲率半径。

四、实验内容

用牛顿环测量透镜的曲率半径,图 4-17 为牛顿环实验装置。

1.调节读数显微镜

先调节目镜到清楚地看到叉丝且分别与 X、Y 轴大致平行,然后将目镜固定紧。调节显微镜的镜筒使其下降(注意,应该从显微镜外面看,而不是从目镜中看)靠近牛顿环时,再自下而上缓慢地上升,直到看清楚干涉条纹,且与叉丝无视差。

2.测量牛顿环的直径

转动测微手轮使载物台移动,使主尺读数准线居于主尺中央。旋转读数显微镜控制丝杆的螺旋,使叉丝的交点由暗斑中心向右移动,同时数出移过去的暗环环数(中心圆斑环序为 0)。当数到 21 环时,再反方向转动手轮(注意:使用读数显微镜时,为了避免引起螺距差,移测时必须向同一方向旋转,中途不可倒退。自右向左或是自左向右测量都可以),使竖直叉丝依次对准牛顿环右半部各条暗环,分别

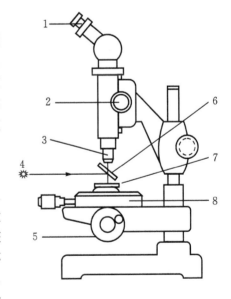

1—目镜;2—调焦手轮;3—物镜;4—钠灯;
5—测微手轮;6—45°玻璃片;
7—牛顿环;8—载物台
图 4-17 牛顿环测量装置

记下相应要测暗环的位置:X_{20},X_{19},X_{18},直到 X_{10}(下标为暗环环序)。当竖直叉丝移到环心另一侧后,继续测出左半部相应暗环的位置读数:由 X'_{10}、X'_{19} 直到 X'_{20}。

五、实验报告要求

计算出牛顿环的曲率半径 R。

表一　实验数据表格

级数 K	读数/mm		D_m /mm	D_m^2 /mm²	$D_{m+5}^2 - D_m^2$ /mm²
	左	右			
20					
19					
18					
17					
16					
15					
14					$D_{m+5}^2 - D_m^2$ 的平均值为:
13					
12					
11					

测量结果:牛顿环曲率半径为 $R = \overline{R} \pm \Delta\overline{R}$(m)=＿＿±＿＿ m)。

六、问题讨论

(1)理论上牛顿环中心是个暗点,实际看到的往往是个忽明忽暗的斑,造成这种现象的原因是什么?对透镜曲率半径 R 的测量有无影响?为什么?

(2)牛顿环的干涉条纹各环间的间距是否相等?为什么?

实验十四　动态光弹实验

一、实验目的

(1)了解动态光弹实验原理。

(2)了解固体中纵波和横波的光弹特性,以及传播、反射和折射现象。

二、实验仪器、设备

光路,高亮度 LED 光源,脉冲声信号源,连续波信号源,同步延时控制器,图像采集系统。

三、实验原理

其实验原理仍旧是基于光弹性原理。如图 4-18 所示的实验装置,在成像光路中,L_1 为扩束透镜,L_2 为成像透镜,P 为起偏镜,A 为检偏镜,C 为四分之一波片。光源的发光部件采用高亮度 LED 发射红光,波长约 660 nm。在脉冲工作时用同步延时控制器控制其发射光脉冲,脉冲宽度小于 50 ns。光源输出口为一小孔光阑,孔径为 0.5~0.8 mm,这样 LED 光源可以当作点光源发射扩散光束,通过调节光路中准直透镜位置就可以得到平行光束。采用脉冲声信号源输出高压负脉

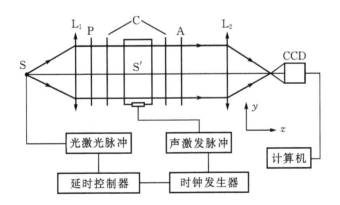

S—LED 光源;L_1—扩束透镜;L_2—成像透镜;P—起偏振片;

A—检偏振片;C—$\lambda/4$ 玻片;S'—样晶;T—换能器

图 4-18　动态光弹系统装置示意图

冲,用于激励超声换能器发射声脉冲。输出脉冲电压幅度在 $100\sim500$ V 可以分档调节。同步延时控制器用于控制脉冲信号源和高亮度 LED 光源的工作时序,即先启动脉冲声信号源发射脉冲信号去激励超声换能器,换能器产生的声波在样品中开始传播,而后在设定的延时时间点启动 LED 光源发射光脉冲,就可以观察或记录到被"冻结"在固体中的声场。通过调节延时量可以得到不同时刻声场的图像,光声延迟量可为 $0\sim100$ μs,调节步长 0.1 μs。最后,用高灵敏度的 CCD 摄像头摄录声场的图像,通过图像采集卡把图像数据传输到计算机进行显示和处理。

四、实验步骤

(1)光路调节。首先调节点光源、扩束透镜、成像透镜的高度,使光束水平,且高度大致在要观测的声场区域中心。调节扩束透镜与光源的距离,使得扩束后的光束成为平行束。调节成像透镜和 CCD 的位置,要求在计算机显示屏上的声场图像有合适的大小和足够的清晰度。

(2)偏转光的调节。通过调节偏转片和四分之一波片的角度,观察和了解偏转现象。

(3)测量纵波和横波速度。记录圆偏振场条件下多个时刻的声场图像,计算固体中两组平面波(分别为垂直向下和斜向下传播)的声速,分析两组波的夹角与声速的关系。

(4)定性了解纵波和横波的应力特征。去掉两个四分之一波片后,系统成为平面偏振仪。通过改变起偏器的角度调整入射光的偏振方向,同时保持检偏器和起偏器的主轴垂直,观察声场图像的亮度变化,记录在线偏振场条件下两组平面波各自消光时偏振片角度和对应声波图像。利用平面偏振原理,说明哪一组平面波为纵波或横波。

(5)确定图像放大比例。测量实物的尺寸和相应图像的大小以计算换算比例。

五、实验报告要求

(1)记录圆偏振场条件下的声场图像。

(2)记录在线偏振场条件下两组平面波各自的消光时偏振片角度和对应声波图像。

(3)思考为什么纵波沿固体界面传播时会伴随有横波的出现。

实验十五　利用数字图像相关法测量材料的弹性常数

一、实验目的

(1)了解数字图像相关法的基本原理。

(2)学会用数字图像相关法测量材料的弹性常数。

二、实验仪器、设备

PC 板制成的正方形压缩试件,加载架,计算机视觉系统。

三、实验原理

数字图像相关法的研究对象为试件变形后的两幅数字散斑图像。实验前,在试件表面喷涂随机的斑点,黑白相间的斑点即成为试件变形的信息载体。假设试件变形前的数字散斑图像的灰度分布函数为 $f(x,y)$,变形后数字散斑图像的灰度分布函数为 $g(x^*,y^*)$。对于变形前散斑图像中的任意点 (x,y),假设其水平位移为 u,竖直方向位移为 v,则有

$$\begin{cases} x^* = x + u \\ y^* = y + v \end{cases} \tag{4-24}$$

以待测点 Q 为中心,选择要进行相关计算的称为子区的计算区域,将相关因子定义为

$$S = 1 - \frac{\sum f(x,y) \cdot g(x + u^{\text{test}}, y + v^{\text{test}})}{\sqrt{\sum f^2(x,y) \cdot \sum g^2(x + u^{\text{test}}, y + v^{\text{test}})}} \tag{4-25}$$

上式中 u^{test} 和 v^{test} 为相关计算时的位移假设。根据连续介质力学原理,利用 Q 点变形可以表示子区内任意像素点 (x,y) 的变形

$$\begin{cases} u^{\text{test}} = u + \dfrac{\partial u}{\partial x} \cdot \Delta x + \dfrac{\partial u}{\partial y} \cdot \Delta y + \dfrac{1}{2}\dfrac{\partial^2 u}{\partial x^2} \cdot (\Delta x)^2 + \dfrac{1}{2}\dfrac{\partial^2 u}{\partial y^2} \cdot (\Delta y)^2 + \dfrac{\partial^2 u}{\partial x \partial y} \cdot \Delta x \cdot \Delta y \\[2mm] v^{\text{test}} = v + \dfrac{\partial v}{\partial x} \cdot \Delta x + \dfrac{\partial v}{\partial y} \cdot \Delta y + \dfrac{1}{2}\dfrac{\partial^2 v}{\partial x^2} \cdot (\Delta x)^2 + \dfrac{1}{2}\dfrac{\partial^2 v}{\partial y^2} \cdot (\Delta y)^2 + \dfrac{\partial^2 v}{\partial x \partial y} \cdot \Delta x \cdot \Delta y \end{cases} \tag{4-26}$$

其中,$\dfrac{\partial u}{\partial x}$,$\dfrac{\partial u}{\partial y}$,$\dfrac{\partial v}{\partial x}$ 和 $\dfrac{\partial v}{\partial y}$ 为待测点 Q 位移的一阶导数,$\dfrac{\partial^2 u}{\partial x^2}$,$\dfrac{\partial^2 u}{\partial y^2}$,$\dfrac{\partial^2 u}{\partial x \partial y}$,$\dfrac{\partial^2 v}{\partial x^2}$,

$\dfrac{\partial^2 v}{\partial y^2}$ 和 $\dfrac{\partial^2 v}{\partial x \partial y}$ 为待测点 Q 位移的二阶导数。在子区内，u^{test} 和 v^{test} 越接近待测点的真实位移值，相关因子 S 的值越小，所以求解计算区域位移场的任务就变成了求解相关因子 S 的最小值。接下来就是求解相关因子 S 的最小值，即

$$S_j = \left[\frac{\partial S}{\partial P_j} \right] = 0 \tag{4-27}$$

式中：S_j 表示相关因子 S 的梯度；

$$P = \left[u, \frac{\partial u}{\partial x}, \frac{\partial u}{\partial y}, \frac{\partial^2 u}{\partial x^2}, \frac{\partial^2 u}{\partial y^2}, \frac{\partial^2 u}{\partial x \partial y}, v, \frac{\partial v}{\partial x}, \frac{\partial v}{\partial y}, \frac{\partial^2 v}{\partial x^2}, \frac{\partial^2 v}{\partial y^2}, \frac{\partial^2 v}{\partial x \partial y} \right]。$$

用牛顿迭代法解该方程组，迭代格式如下：

$$\begin{cases} \{ S_{i,j}^{(k)} \} \{ \Delta P_j^{(k)} \} = - \{ S_i^{(k)} \} \\ \{ P_j^{(k+1)} \} = \{ P_j^{(k)} \} + \{ \Delta P_j^{(k)} \} \end{cases} \tag{4-28}$$

其中，$S_{i,j}$ 表示相关因子 S 的二阶导数，k 表示迭代运算的次数。

通过式（4-28），计算出向量 P，即得到试件待测像素点的位移及位移梯度信息。假设试件满足小变形假设，则有

$$\begin{cases} \varepsilon_x = \dfrac{\partial u}{\partial x} \\[2mm] \varepsilon_y = \dfrac{\partial v}{\partial x} \\[2mm] \varepsilon_{x,y} = \dfrac{1}{2} \left(\dfrac{\partial u}{\partial y} + \dfrac{\partial v}{\partial x} \right) \end{cases} \tag{4-29}$$

四、实验步骤

（1）对待测试件进行制斑。

（2）对待测试件进行加载（见图4-19），利用计算机视觉系统（见图4-20）获得试件变形前后的数字散斑图像。

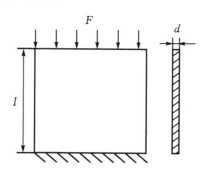

图4-19　试件尺寸及加载方式

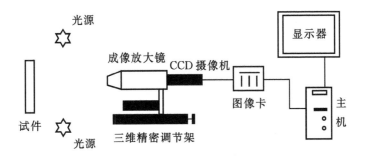

图 4-20　计算机视觉系统

(3)对获得的数字散斑图像进行相关运算,得到试件变形场。

五、实验报告要求

(1)计算材料弹性常数 E 和 μ。

(2)进行误差分析,指出影响测试精度可能的几种因素。

第三部分

电阻应变测试技术

第五章　电阻应变测量概述

电阻应变测量技术（简称电测技术）是目前实际工程中应用最为广泛的一种实验应力分析技术。电测技术的基本原理是：将电阻应变片（简称应变片或应变计）安装于被测构件的表面上，当构件在外载荷作用下产生变形时，应变片随之变形。根据电阻应变效应，应变片的电阻值将产生相应的变化，并且电阻值的变化与所受应变间具有确定的函数关系。因此，可以基于电学的方法，利用专门的测量仪器设备（电阻应变仪）将电阻值的变化测定出来并进行记录和存储，并换算成应变值，再由应力—应变关系理论，就可得到所需的构件应力值。图 5-1 给出了电阻应变测量的基本过程。

图 5-1　电阻应变测量基本过程

电阻应变测量技术的发展可追溯到 19 世纪。1856 年，英国物理学家 W. Thomson 在指导铺设海底电缆时，发现电缆的电阻值随着海水深度不同而不同。进一步通过金属丝的拉伸实验，他发现金属丝的应变和电阻的变化有一定的函数关系，且由应变引起的微小电阻变化可利用惠斯顿电桥进行测量。这些结论奠定了电阻应变测量技术的理论基础。1938 年，美国科学家 E. Simmons 和 A. Ruge 分别研制出了第一批实用的纸基丝绕式电阻应变片，后被取名为 SR-4。1952 年，英国学者 P. Jackson 利用光刻技术，以环氧树脂为基底，首次制成了箔式应变片，大大推动了应变测量技术的发展。1954 年，美国学者 C. S. Smith 发现了硅、锗半导体材料的压阻效应，在此基础上，美国贝尔电话实验室的 W. P. Mason 等人于 1957 年成功研制出了半导体应变片，其灵敏系数可比金属丝应变片高 50 倍以上。目前，金属应变片与半导体应变片的品种规格多达数万种。利用应变片还可制成各种传感器，用以测量力、压强、荷重、扭矩、位移和加速度等物理量，并在各种工程领域广泛应用。与此同时，随着电子信息技术的快速发展，应变测量的仪器设备无论从功能还是精度与可靠性方面都大大提高，数字式电阻应变仪已被广泛采用，各种应变测量系统、动态应变数据采集系统能够完成自动数据采集、显示、存储以及数据预处理与远程传输等功能，可以满足绝大多数工程测试的要求。

1.电阻应变测量技术的主要特点与优点

(1)电阻应变片尺寸小、重量轻,最小的箔式应变片栅长可达 0.178 mm,因此安装方便,不会干扰构件的应力状态,并可进行应力梯度较大(如应力集中处)的应变测量。

(2)测量灵敏度和精度高。最小应变读数可达 10^{-6} $\mu m/m$,在常温静态应变测量时,精度一般可达到 1%～2%。

(3)测量范围广。一般为 $1\sim2\times10^4$ $\mu m/m$。特殊的大应变电阻应变片可测量高达 25×10^4 $\mu m/m$ 的应变量。

(4)频率响应快。可以测量从静态到数十万赫兹的动态应变。

(5)由于在测量过程中输出的为电信号,因此易于实现测量过程的自动化、数字化,并可利用无线电发射和接收方式进行遥测。

(6)可在高温、低温、高压(数百 MPa)液下,以及高速旋转(几万转/分)、强磁场、核辐射等特殊环境下进行结构的应变测量。

(7)适用于工程现场的结构应变、应力测量。

正是由于电阻应变测量技术的上述优点,它已广泛应用于航空航天、机械、土木、冶金化工以及交通运输等工程领域的结构实验应力分析,近年来在医学、生物力学以及体育运动等领域的科学研究中也有应用。总之,随着科学技术的发展,电阻应变测量在测量精度、质量和技术水平上均不断提高,其应用领域也必将更为广阔。

2.电阻应变测量技术的缺点或限制

(1)通常只能测量构件表面的应变,而不能测构件内部的应变。对于塑料、混凝土制成的工程结构(如桥梁、大坝等),需采用埋入式的安装方法方能测量结构的内部应变。

(2)一个电阻应变片只能测定构件表面一个点沿某一个方向的应变,不易对构件进行全域性的应力应变测量。

(3)应变片所测应变值实际上是构件在应变片栅长范围内的平均应变值,因此在对应变梯度较大的应力场或是应力集中的构件表面测量时,误差将较为明显,此时须选用栅长很小的应变片。

(4)易受外界环境(如温度)的影响。此外,由于应变测量电路输出的是微弱电信号,因此在应变(尤其是动应变)测量过程中易受到外界电磁干扰的影响。

下面将简单介绍电阻应变片和电阻应变仪的基本原理。

第一节　电阻应变片

一、电阻应变片的基本构造

以丝绕式金属电阻应变片为例,其基本构造如图5-2(a)所示。由图可见,电阻应变片主要由敏感栅、基底、盖层及引出线组成,敏感栅用粘结剂固定在基底和覆盖层之间。

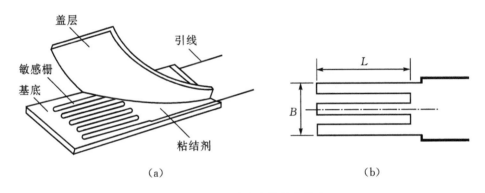

（a）　　　　　　　　　　　　　　（b）

图5-2　电阻应变片的基本构造

1.敏感栅

金属敏感栅是用合金丝或合金箔光刻制成的应变转换元件,是电阻应变片的核心组成部分。在应变测量中,为了防止合金丝通电时产生太大的热量,需要具有一定的长度以提供足够的电阻值,同时为了尽量准确地测量构件表面一点处的应变,通常将合金丝制成敏感栅的形状。目前常用的金属敏感栅材料主要有康铜（铜镍合金）、镍铬合金、镍钼合金、铁基合金、铂基合金、钯基合金等。敏感栅由纵栅与横栅两部分组成,纵栅的中心线称为应变片的轴线。敏感栅的尺寸用栅长 L 和栅宽 B 表示,参见图5-2(b)。栅长尺寸一般为0.2~100 mm。

2.引线

引线用以连接敏感栅与外部测量导线,一般采用镀银、镀镍或镀合金的细铜丝,出厂时就和敏感栅焊接在一起而成为应变片的一部分。敏感栅与引线的直径相差很大,焊接处容易断折,使用时应当小心。

3.基底和盖层

基底主要用以保持敏感栅的几何形状和相对位置。此外,电阻应变片的基底还要求能够保证敏感栅与试件之间具有良好的绝缘,挠性好且具有一定机械强度,粘结性能强,热稳定性好,蠕变和滞后现象小。盖层主要是用于保护敏感栅的。常用的基底和盖层材料有纸、有机树脂(环氧树脂、酚醛树脂等)等。

4.粘结剂

粘结剂用以将敏感栅固定在覆盖层与基底之间,要求粘结强度高和绝缘性能好。常用的有环氧树脂类和酚醛树脂类粘结剂等。

早期的电阻应变片多为丝绕式应变片,后来发展了箔式应变片,其基本构造如图5-3所示。箔式应变片的敏感栅为金属箔,厚度在0.003~0.005 mm之间,栅形则由光刻制成,因此可以制成各种复杂图案的栅形。与丝绕式应变片相比,箔式应变片的优点是:测量精度高,灵敏度大,横向效应较小,蠕变小以及疲劳寿命长。因此箔式应变片已逐渐取代丝绕式应变片,在工程领域得到了广泛应用。

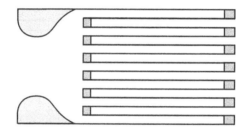

图5-3　箔式应变片

二、电阻应变片的工作原理

电阻应变片利用金属敏感栅的电阻应变效应,从而可将构件的应变转换为电阻值的变化。为了说明两者之间的关系,我们先取敏感栅中沿轴向的一直段金属丝来进行分析。设金属丝的长度为L,具有圆形截面且截面积为A,电阻率为ρ,则由物理学知识可知金属丝的初始电阻为

$$R = \rho \frac{L}{A} \tag{5-1}$$

金属丝受到轴向拉伸(或缩短)作用时,其长度、横截面积都将发生改变,事实上电阻率也将产生相应的变化,由式(5-1)知这些因素将导致电阻值产生变化,变化规律则可对式(5-1)取对数后再微分而获得:

$$\frac{\mathrm{d}R}{R} = \frac{\mathrm{d}L}{L} - \frac{\mathrm{d}A}{A} + \frac{\mathrm{d}\rho}{\rho} \tag{5-2}$$

金属丝横截面积的改变是由泊松效应导致的,因此对于圆形截面的金属丝有

$$\frac{\mathrm{d}A}{A} = -2\mu\frac{\mathrm{d}L}{L} = -2\mu\varepsilon \tag{5-3}$$

上式中，应变 $\varepsilon = \mathrm{d}L/L$，$\mu$ 为金属材料的泊松比。对于矩形截面的金属丝，可以证明式(5-3)亦成立。

将式(5-3)代入式(5-2)可得

$$\frac{\mathrm{d}R}{R} = (1+2\mu)\varepsilon + \frac{\mathrm{d}\rho}{\rho} \tag{5-4}$$

据高压液下金属丝的性能研究发现，金属丝的单位电阻率变化与单位体积变化成正比，即

$$\frac{\mathrm{d}\rho}{\rho} = m\frac{\mathrm{d}V}{V} \tag{5-5}$$

对于圆形与矩形截面的直金属丝，均有

$$\frac{\mathrm{d}V}{V} = (1-2\mu)\frac{\mathrm{d}L}{L} = (1-2\mu)\varepsilon \tag{5-6}$$

将式(5-5)、(5-6)代入式(5-4)有

$$\frac{\mathrm{d}R}{R} = [(1+2\mu)+m(1-2\mu)]\varepsilon \tag{5-7}$$

令 $K_0 = (1+2\mu)+m(1-2\mu)$，则上式可写为

$$\frac{\mathrm{d}R}{R} = K_0\varepsilon \tag{5-8}$$

在一定的应变范围内并且材料一定时，μ 与 m 均为常数，由式(5-8)可知此时金属丝的单位电阻变化与所受应变成正比，其中比例系数 K_0 称为金属丝的灵敏系数。

由图 5-2 和图 5-3 的应变片敏感栅形状可以看到，敏感栅横向弯头部分的电阻变化，不仅与应变片轴向应变有关，而且与其他方向应变亦有关，从而使得应变片电阻变化与轴向应变之间的关系与上述金属丝的情况并不相同，它与应变片安装部位的构件应变状态有关，这就是应变片的横向效应。为了有一个统一的标准，方便应变片的使用，定义应变片的灵敏系数为：应变片安装在被测试件上，在应变片纵轴方向的单向应力作用下，应变片电阻的相对变化与沿其轴向的应变之比值，表示为

$$K = \frac{\Delta R/R}{\varepsilon} \tag{5-9}$$

式中：R 为应变片变形前的电阻值；

ΔR 为应变片电阻值的该变量；

K 为应变片的灵敏系数。

由于应变片的灵敏系数还与敏感栅材料性能、加工工艺以及粘结特性等因素

有关,因此均由实验标定给出。标定实验按照上述定义约定的实验条件,通常在纯弯梁、等强度悬臂梁或是刚架梁装置上进行。

三、电阻应变片的种类及性能指标

为了满足不同的测试要求,人们研制和生产出了规格和种类繁多的各种应变片。按照不同的分类方法,应变片的种类大致包括:

①按照工作温度范围分为常温、低温、中温和高温应变片;

②根据敏感栅的材料与构造分为金属丝式、箔式、薄膜式和半导体应变片;

③根据基底材料分为纸基、胶基、金属基底和临时基底应变片;

④按照敏感栅结构分为单轴应变片、多轴应变片(应变花)以及应变链。此外还有一些特殊用途的应变片,如用于残余应力测量的应变片、裂纹扩展应变片、疲劳寿命应变片、测压片以及传感器专用的应变片等。

衡量应变片工作性能的主要指标包括:

(1)应变片电阻(Ω):指应变片没有安装、也不受外力的情况下,于室温下测定的电阻值。常用的应变片名义阻值多为 120 Ω,也有一些不同阻值的应变片(如 60 Ω、250 Ω、1 000 Ω 等)。

(2)灵敏系数:将应变片安装在处于单向应力状态的试件表面,使其轴线与应力方向重合,应变片电阻值的相对变化与沿其轴向的应变之比值定义为应变片的灵敏系数。

(3)热输出($\mu m/m$):构件可自由膨胀并不受外力,在缓慢升(或降)温的均匀温度场内,由温度变化而引起的应变片指示应变,称之为应变片的热输出。它表征了应变片温度效应的大小。

(4)机械滞后($\mu m/m$):温度不变时,对试件加载和卸载,当试件到达同一应变水平时,比较应变片在相应过程中的两个指示应变,其最大差值即为应变片的机械滞后。

(5)蠕变($\mu m/(m \cdot h)$):温度不变时,使试件表面产生恒定应变,应变片的指示应变随时间推移的变化量。

(6)绝缘电阻($M\Omega$):应变片引出线与安装应变片的构件之间的电阻值,它是安装应变片时粘结层固化程度和是否受潮的标志。

(7)横向效应系数:对同一个单向应变,应变片与其垂直安装时的指示应变和沿其方向安装时的指示应变之比。

(8)应变极限($\mu m/m$):温度不变,逐渐加大试件应变,应变片的指示应变与试件实际应变的相对误差达到某个规定值时,此时的试件应变为应变片的应变极限。常规应变片的应变极限约为 8 000~20 000 $\mu m/m$。

(9)疲劳寿命:在等幅交变应变作用下,应变片不损坏,且其指示应变和真实应变的差值不超过某一规定数值的应变循环次数,称为应变片的疲劳寿命。

根据上述指标的实际大小,可将应变片的工作特性分为 A、B、C、D 四个等级,测试者可根据测试任务的具体要求,选择相应等级的应变片进行测量。

第二节 电阻应变仪

电阻应变片能够将构件的应变转换为自身电阻的变化,为了检测这种电阻的微小变化,需要将应变片接入某种测量电路,该电路能够输出与应变片电阻变化成比例的信号。常规电阻应变测量采用的电阻应变仪,其输入回路称为应变电桥,应变电桥以应变片作为电桥的构成部分,它能将应变片电阻值的微小变化转换为输出电压的变化。下面以直流电桥为例,说明其工作原理。

一、直流电桥的工作原理

直流电桥电路如图 5 - 4 所示,它可以电阻应变片或电阻元件作为桥臂,R_1、R_2、R_3、R_4 分别表示各桥臂的电阻,A、C 端为电桥的输入端,接直流电源(电压为 E),B、D 端为电桥的输出端。在大多数电阻应变仪中,电桥的输出端通常接到放大器的输入端上,由于放大器的输入阻抗一般很大,因而可以近似地认为电桥输出端是开路的,这种电桥称为电压桥。

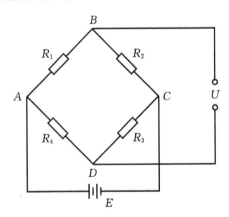

图 5 - 4 直流电桥(电压桥)

由电路分析,不难得到电压桥的输出电压 U 为

$$U = \frac{R_1 R_3 - R_2 R_4}{(R_1 + R_2)(R_3 + R_4)} E \qquad (5 - 10)$$

由式(5-10)可以看到,当 $R_1R_3＝R_2R_4$ 时,电桥的输出电压为零,电桥处于平衡状态,因此该条件为直流电桥的平衡条件。对于处于平衡的电桥,当各桥臂电阻发生了微小的电阻变化 ΔR_1、ΔR_2、ΔR_3、ΔR_4 时,从式(5-10)出发经过推导可以得到电桥输出电压 U 近似满足

$$U \approx \frac{E}{4}\Big[\frac{\Delta R_1}{R_1} - \frac{\Delta R_2}{R_2} + \frac{\Delta R_3}{R_3} - \frac{\Delta R_4}{R_4}\Big] \qquad (5-11)$$

由上式可见,电桥输出电压 U 与相邻桥臂的电阻变化率之差,或相对桥臂的电阻变化率之和成正比,这样可以合理安排桥路以使 ΔR_1 和 ΔR_2 反号(ΔR_3 和 ΔR_4 反号),或者 ΔR_1 和 ΔR_3 同号(ΔR_2 和 ΔR_4 同号)来提高输出电压,从而提高电桥的输出电压灵敏度。需要注意的是,式(5-11)的适用条件是应变电桥为等臂电桥($R_1=R_2=R_3=R_4$)或半等臂电桥($R_1=R_2=R'$,$R_3=R_4=R''$,$R' \neq R''$)。

若电桥各桥臂均采用同样的应变片,则由式(5-9)和(5-11)可得

$$U = \frac{1}{4}EK(\varepsilon_1 - \varepsilon_2 + \varepsilon_3 - \varepsilon_4) \qquad (5-12)$$

上式表明应变电桥可将应变片感知的应变转换为电桥的输出电压,其值与各桥臂应变片的应变代数和成正比。

利用上述的应变电桥输出电压特性,可以解决许多应变电测中的实际问题,例如温度补偿。当构件的测试环境温度变化时,由于应变敏感栅丝的电阻温度效应以及应变片与构件的膨胀率不同,常常导致应变片的电阻发生改变,产生虚假读数,因此为了得到真实的构件应变,必须在测量中消除这种因素的影响。通常的做法是,用一枚与测量应变片相同的应变片(称之为温度补偿片),粘贴在与构件材料、温度环境相同但不受力的补偿块上,并将测量应变片与温度补偿片分别接在电桥的相邻桥臂,由式(5-11)可知,这样温度的影响就可得到有效补偿。此外,合理地安排桥路,利用电桥的输出特性,还可以提高电桥输出,并从组合应变中剔除不需要的分量等。

二、电阻应变仪的种类及工作原理

由于应变片的电阻相对变化很小(当 $\varepsilon=5\ 000\ \mu m/m$,$K=2.0$ 时,$\Delta R/R=0.01$),因此应变电桥的输出电压通常很微弱。电阻应变仪的功能就是将应变电桥的输出电压放大,显示应变读数或是向记录仪器输出模拟应变变化的电信号。

按照系统的频率响应范围,可以将通常的电阻应变仪分为静态电阻应变仪、动态电阻应变仪以及静动态电阻应变仪三类。静态电阻应变仪适于测量不随时间而变或变化缓慢的应变,动态电阻应变仪适于测量随时间变化较快的应变,静动态电阻应变仪则既可作为静态电阻应变仪使用,也可作为动态应变仪使用。此外,随着

科技的迅速发展以及工程测试的需求,应变测量数据采集系统近些年也得到了广泛的应用。下面简单介绍这些应变测试设备及系统的主要工作原理。

1.静态电阻应变仪

早期的静态电阻应变仪为了克服放大器零漂的影响,多采用交流供桥/交流放大以及双电桥零读数方式,使得仪器组成和操作都较为复杂。随着电子技术的进步,近年来已普遍使用直流供桥/直流放大的数字式电阻应变仪。其基本组成如图5-5所示。

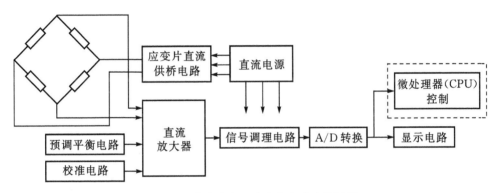

图 5-5　数字式电阻应变仪电路功能框图

应变电桥的直流电压由应变片直流供桥电路供给,通常在2~3 V之间。由于应变片电阻值间的差别,以及连接导线与接触电阻等的影响,在测量前电桥通常处于不平衡的状态。预调平衡电路用以使应变电桥处于初始平衡状态,既保证了测量结果的准确性,同时可有效防止放大器放大后的信号溢出。校准电路用以对数字式应变仪进行标定(或校准),以使仪器处于一个已知可比的状态,常用的校准方法包括并联标准电阻法和切换标准电压法。信号调理电路的功能主要是对放大后的电压信号作平滑、比例调整等变换,使其更适合后续的仪器设备使用。输出电压通过 A/D 转换,最终以数字形式显示测量结果。目前有很多数字式静态应变仪还带有数字通信功能,数据采集过程可直接由计算机控制(见图5-5的虚框部分),计算机可以方便地以任意格式存放采集得到的数据。实际工程中常常需要对多点应变进行测量,为了降低测试成本,简化调试工作,数字式静态电阻应变仪大多采用了多路切换技术和应变片公共温度补偿技术,通过公用放大器的分时工作,可以实现多路预调平衡、多路应变测量。总的来说,数字式静态电阻应变仪具有测量范围大(±20 000 μm/m)、精度高、稳定性好以及使用方便等优点。

2.动态电阻应变仪

由于测量的是连续变化的应变信号,因此动态应变仪的每个测量通道都需配备一个独立的放大器。随着电子技术的发展,目前的动态应变仪多为直流供桥/直流放大的数字式应变仪,具有体积小、通道多、可实现数字式输出的特点。不同于静态应变仪,动态应变仪的示值功能比较简单,不能提供高精度的读数,因此常需配合其它测试仪器协同工作,如通用示波器、笔式记录仪、磁带记录仪以及数据采集系统等,如图5-6所示。目前大多数动态应变仪都配备有与数据采集系统的通讯端口,可实现动态信号的实时、快速、高精度采集与存储。

当需要采集多路应变信号时,还可以采用体积小、精度高、性能好的应变信号放大器模块,该模块可提供桥源电压,具有程控增益,放大后的信号可直接输入数据采集板,因此也方便与动态信号采集系统集成,实现不同物理量(如加速度、应变等)的同时采集。

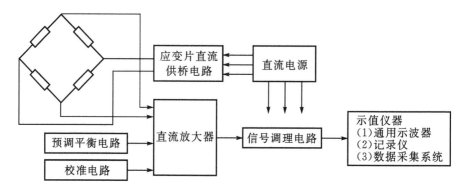

图5-6 动态电阻应变仪电路功能框图

3.应变测量数据采集系统

目前的应变测量数据采集系统主要有两种类型:一种是应变信号经信号调理、多通道切换、模/数转换成数字数据,可打印、储存、显示或经接口电路送计算机储存及处理得到最后结果;另一种是将调理放大的应变信号(模拟量),连接到数据采集系统(数据采集卡)后,由计算机采样并转换为数字信号,以数字方式存储在计算机硬盘上。用户可根据需要编写各种程序对测量数据进行后处理与信号特征分析,此外数字数据也可以通过网络与其它研究人员共享信息,因而这是一种较为理想的数据采集方法,在许多工程领域都得到了广泛应用。相信随着微型计算机技术的飞速发展,应变测量数据采集系统的功能及性能都将不断提升,必将在工程测试领域发挥更大的作用。

第六章　电阻应变测量实验

实验一　电阻应变片的粘贴

一、实验目的

掌握常温用电阻应变片在金属构件上的粘贴方法和一般步骤。

二、实验仪器和设备

(1)常温用电阻应变片(标准电阻 $R=120\ \Omega$),接线端子,测量导线。

(2)电烙铁,焊锡,助焊剂。

(3)砂布、502胶水、镊子、丙酮、药棉、聚四氟乙烯薄膜、吸耳球。

(4)万用欧姆表。

三、实验原理与方法步骤

常温应变片在金属构件上的安装通常采用粘贴法,因此粘贴技术是结构应变测试中非常重要的环节。应变片粘贴质量的好坏,直接影响到构件表面的应变能否正确、可靠地传递到应变片中的敏感栅,从而影响到测试结果的精度。下面为应变片粘贴的一般方法和步骤。

1.检查和分选应变片

贴片前应对应变片进行外观检查和阻值测量。检查应变片的敏感栅有无锈斑、基底和盖层有无破损、引线是否牢固等。采用万用欧姆表对应变片阻值进行测量的目的是检查应变片是否有断路、短路或是连接不良的情况,并按照应变片阻值进行分选,以保证使用同一温度补偿片的一组应变片的阻值相差不超过 $0.1\ \Omega$。

2.粘贴结构表面的处理

对于通常的金属构件,在粘贴前首先应用粗砂布除去构件表面的油污、漆、锈斑以及电镀层等,再用细砂布以 $\pm 45°$ 角交叉打磨出细纹来增加粘结力,接着用浸有酒精(或丙铜)的脱脂棉球在打磨过的表面进行擦洗,并用钢画针画出贴片定位线。最后，再进行一次擦洗，直至棉球上不见污迹为止，并用吸耳球吹干。

3.贴片

在应变片的底面和处理过的粘贴表面上，各涂一层薄而均匀的502胶，注意胶水应适量，不宜过多。用镊子将应变片放在构件表面上并调整好位置，然后盖上聚四氟乙烯薄膜，用手指朝着应变片引出线的方向揉和滚压，挤出多余的胶，并排除应变片下面的气泡，从而使应变片和试件完全贴合。适当时间后，由应变片无引线的一端开始向有引线的一端轻轻揭掉薄膜，用力方向应尽量与粘结表面平行。

4.固化

贴片时所用的502胶水通常在室温下5～10分钟后可基本固化，放置数小时则可充分固化，并具有较强的粘结能力。

5.测量导线的焊接与固定

待粘结剂初步固化以后，即可焊接导线。常温静态应变测量时，导线可采用$\phi 0.1～0.3$ mm的单丝纱包铜线或多股铜芯塑料软线。由于应变片的两条引出线很细，为了避免在连接导线和测量时损坏应变片的连线，应使用接线端子来连接导线与应变片（如图6-1所示）。接线端子是用敷铜板腐蚀而成，可用502胶先粘贴于应变片附近，待粘结牢固后再将导线与应变片引线分别焊在端子片上。常温应变片均采用锡焊。为了防止虚焊，必须除尽接线端子焊接处的氧化皮、绝缘物，再用酒精、丙酮等溶剂清洗以使表面洁净。焊接前要在应变片引线与端子敷铜板上挂锡以便于焊接。焊接时应准确迅速，做到焊点大小适中，形状规则圆滑。焊接完成后还要检查引线与导线是否连接牢固，是否存在虚焊，否则须重新焊接。

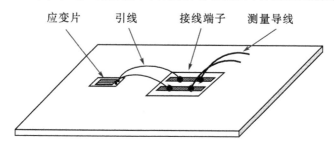

应变片　　引线　　接线端子　　测量导线

图6-1　应变片粘贴示意图

6.检查

对已经充分固化并接好导线的应变片，必须进行粘贴质量检查。检查内容包括：对应变片外观、粘贴质量、贴片方位准确性进行检查，检查敏感栅是否完好、粘贴处有无气泡、褶皱、脱粘等现象，一旦出现则须要重新粘贴；利用万用欧姆表检查应变片有无短路和断路情况,绝缘电阻是否符合要求(一般不低于 100 MΩ)等。

四、实验报告要求

根据实验过程,简述应变片粘贴的主要步骤以及实验操作心得。

实验二　电阻应变片灵敏系数的测定

一、实验目的

（1）熟悉静态电阻应变仪的使用方法并掌握构件静应变测量的基本方法。

（2）掌握电阻应变片灵敏系数的测定方法。

（3）了解电阻应变片的相对电阻变化与所受应变之间的关系。

二、实验仪器和设备

（1）配有精确加载设备的等强度梁装置（沿梁轴向正反两面分别粘贴3枚应变片，如图6-2所示），温度补偿块。

（2）静态电阻应变仪（YE2538A型）。

（3）三点挠度计，配有千分表（0.01 mm/格）。

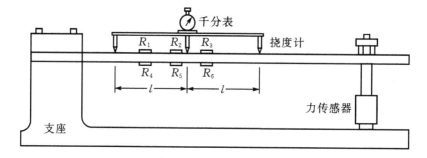

图6-2　应变片灵敏系数测量实验装置

三、实验原理与方法

根据电测理论，对粘贴在构件上的电阻应变片，当构件受到沿其轴线方向的单向拉伸（或压缩）时，应变片的相对电阻变化与其感受的应变之间存在如下的比例关系

$$\frac{\Delta R}{R} = K\varepsilon \qquad (6-1)$$

式中：$\Delta R/R$ 为相对电阻变化；

比例系数 K 即为电阻应变片的灵敏系数。

由上式易得

$$K = \frac{\Delta R}{R\varepsilon} \qquad (6-2)$$

因此,依据上式可通过分别测量应变片的相对电阻变化 $\Delta R/R$ 与构件应变 ε 来确定应变片的灵敏系数 K。

其中,电阻应变片的相对电阻变化可以由电阻应变仪测出。记 K_0 为测量过程中电阻应变仪的设定灵敏系数,相应的仪器指示应变为 ε_0,则有

$$\frac{\Delta R}{R} = K_0\varepsilon_0 \qquad (6-3)$$

为了准确地测得应变片处的构件应变,采用图 6-2 所示的等强度梁装置,在应变片的粘贴区域构件表面为等应变场,注意上、下表面分别为拉、压应变,且数值相同。记等强度梁上表面的轴向应变为 ε(即应变片的感受应变),根据材料力学知识,利用三点式挠度计上千分表的读数 f 可以计算得到

$$\varepsilon = \frac{fh}{l^2} \qquad (6-4)$$

式中:h 为等强度梁的厚度;

l 为三点式挠度计的半跨度。

于是,由式(6-2)~(6-4),可以求得安装在梁上表面的电阻应变片灵敏系数为

$$K = \frac{l^2 K_0 \varepsilon_0}{fh}$$

梁下表面的电阻应变片灵敏系数则为

$$K = -\frac{l^2 K_0 \varepsilon_0}{fh}$$

四、实验步骤

(1)按图 6-1 所示安装等强度梁和挠度计,注意挠度计应放置于梁中线位置并应与梁轴线平行。将等强度梁上下表面的 1~6 枚应变片均按 1/4 桥形式分别接入电阻应变仪,将温度补偿块上的公共补偿片也接入应变仪的专用补偿桥臂,力传感器接入力专用测量桥路(接线顺序为:红、蓝、白、绿、黑(地线))。

(2)给梁首先加卸载 2~3 次后,记录挠度计上千分表的初始读数 f_0。设置电阻应变仪的测量参数(应变片电阻 $R = 120\ \Omega$,仪器设定灵敏系数 K_0 取 2.0,力传感器校正系数 $K_l = 1.63$,以下实验均同),最后在无载荷下对各通道进行电阻预调平衡。

(3)利用精确加载机构对梁进行分级加载,共分五级,每级间隔 50 N,记录各级载荷大小 P、千分表读数 f' 和应变仪各通道的读数 ε_0 于表一中,并依据各级载

荷下的测量数据计算应变片的灵敏系数(其中 $f=f'-f_0$),最后取五次计算结果的算数平均值作为每个应变片的灵敏系数 $K_i(i=1\sim6)$。

五、实验报告要求

(1)将测量数据记录在表一中,计算出各应变片的灵敏系数 K_i,并根据计算结果计算该组应变片的灵敏系数平均值和相对标准偏差。

表一 测量数据及灵敏系数计算结果

(其中 $h=10\text{ mm}, l=80\text{ mm}$)

应变片号	P/N	f_0/mm	f'/mm	$\varepsilon=fh/l^2$ $(f=f'-f_0)$	ε_0	$\Delta R/R$	K	K_i
1								
...								

(2)讨论分析这种测定电阻应变片灵敏系数方法的误差。

(3)依据应变片在各级载荷下测得的相对电阻变化 $\Delta R/R$ 与计算的应变 ε 数据作图,讨论二者之间的关系,验证公式(6-1)。

实验三　电阻应变片横向效应系数的测定

一、实验目的

（1）掌握一种测定电阻应变片横向效应系数的方法。

（2）熟悉静态电阻应变仪的使用方法及静应变测量的基本方法、步骤。

二、实验仪器和设备

（1）带有精确加载装置的等强度梁（在梁的正反两面相同位置分别沿纵向、横向粘贴两枚应变片，如图 6-3 所示），安装有温度补偿应变片的补偿块。

（2）静态电阻应变仪（YE2538A 型）。

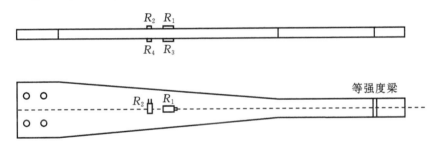

图 6-3　电阻应变片横向效应测定实验贴片图

三、实验原理与方法

以粘贴于梁上表面的应变片 R_1 和 R_2 为例，当沿竖直方向给梁端部加载时，两枚应变片均处于等应变场内，记梁的轴向实际应变为 ε_1，横向实际应变为 ε_2，由泊松效应易知 $\varepsilon_2 = -\mu\varepsilon_1$。根据应变片横向效应的影响规律，应变片 R_1 和 R_2 的相对电阻变化测量值应分别满足

$$\left(\frac{\Delta R}{R}\right)_1 = K_0\varepsilon_{01} = K_L\varepsilon_1 + K_B(-\mu\varepsilon_1) \quad\quad (6-5)$$

$$\left(\frac{\Delta R}{R}\right)_2 = K_0\varepsilon_{02} = K_B\varepsilon_1 + K_L(-\mu\varepsilon_1) \quad\quad (6-6)$$

式中：K_0 为电阻应变仪的灵敏系数设定值（可取 $K_0 = 2.0$）；

ε_{01} 和 ε_{02} 分别为应变片 R_1 和 R_2 的测量指示应变；

K_L 和 K_B 分别为电阻应变片的轴向和横向灵敏系数;

μ 为等强度梁材料的泊松比(钢材 $\mu=0.3$)。

电阻应变片的横向效应系数 H 可以表示为

$$H = \frac{K_B}{K_L} \tag{6-7}$$

将式(6-7)分别代入式(6-5)与式(6-6)得到

$$K_0 \varepsilon_{01} = \varepsilon_1 K_L (1 - \mu H) \tag{6-8}$$

$$K_0 \varepsilon_{02} = \varepsilon_1 K_L (H - \mu) \tag{6-9}$$

于是式(6-8)与式(6-9)相除可解得

$$H = \frac{\varepsilon_{02} + \mu \varepsilon_{01}}{\varepsilon_{01} + \mu \varepsilon_{02}} \times 100\% \tag{6-10}$$

相似地,对于粘贴于梁下表面的应变片 R_3 和 R_4 亦有

$$H = \frac{\varepsilon_{04} + \mu \varepsilon_{03}}{\varepsilon_{03} + \mu \varepsilon_{04}} \times 100\% \tag{6-11}$$

在实验数据记录中应注意,ε_{01} 和 ε_{02} 互为反号,ε_{03} 和 ε_{04} 也互为反号。

四、实验步骤

(1)安装等强度梁,将电阻应变片 $R_1 \sim R_4$ 均按 1/4 桥路形式分别接入电阻应变仪(注意应变片与仪器的连接应当牢固,以免读数漂移,从而影响最终的计算结果),将温度补偿块上的公共补偿片也接入应变仪的专用补偿桥臂,力传感器接入力专用测量桥路,并在无载荷下对各桥路分别预调平衡。

(2)梁的加载分三级进行,每级间隔 50 N,将载荷数值 $P_i(i=1,2,3)$ 以及在各级载荷下电阻应变仪测得的应变片指示应变 $\varepsilon_{01} \sim \varepsilon_{04}$ 记录在下表中。

表一 横向效应系数测定实验数据记录

应变片	$P_1=$ (N)	H_1	$P_2=$ (N)	H_2	$P_3=$ (N)	H_3	H
ε_{01}							
ε_{02}							
ε_{03}							
ε_{04}							

(3)根据公式(6-10)和(6-11),分别计算出三级载荷下的横向效应系数 H_i($i=1,2,3$),并取 6 组计算结果的平均值作为该组应变片的横向效应系数测定值。

五、实验报告要求

（1）整理实验数据，讨论实验结果，并分析误差产生的原因及减小误差的方法。

（2）试述还有什么方法可测量应变片的横向效应系数，并与本实验中的方法进行比较。

实验四　电阻应变片的电桥接法

一、实验目的

(1)掌握单点静态应变测量中电阻应变片的1/4桥、半桥和全桥接法。

(2)验证电阻应变片电桥接法对测量结果的影响规律。

二、实验仪器和设备

(1)带加载装置的等强度梁(在梁上下表面中轴线附近沿纵向粘贴四枚相同的应变片,如图6-4所示),温度补偿块。

(2)静态电阻应变仪(YE2538A型)。

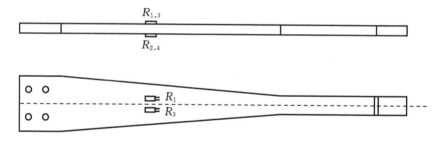

图6-4　电桥接法布片图

三、实验原理与方法

应变电桥是电阻应变仪的测量输入电路。当采用电阻应变仪进行应变测量时,若应变电桥各桥臂的应变片均相同(采用同一批中的应变片),则此时电桥输出电压U与各桥臂应变片的测量应变ε_i有下列关系:

$$U = \frac{EK}{4}\varepsilon_{读} = \frac{EK}{4}(\varepsilon_1 - \varepsilon_2 + \varepsilon_3 - \varepsilon_4) \tag{6-12}$$

其中K为电阻应变片的灵敏系数,E为桥源电压,$\varepsilon_{读}$为电阻应变仪的读数应变(指示应变)。由式(6-12),可得

$$\varepsilon_{读} = \varepsilon_1 - \varepsilon_2 + \varepsilon_3 - \varepsilon_4 \tag{6-13}$$

式(6-13)描述了应变仪读数应变与各桥臂测量应变之间的代数关系,即应变仪读数应变与电桥中相邻桥臂所测应变之差成正比,同时与电桥中相对桥臂所测应变

之和也成正比。通过改变应变片在电桥中的接法,观察并记录相应的测量结果,可以对式(6-13)进行验证。

如图 6-4 所示的实验装置中,当对梁进行竖向加载时,R_1 和 R_3 承受拉应变,R_2 和 R_4 承受压应变,且各应变片的测量应变应满足

$$\varepsilon_1 = -\varepsilon_2 = \varepsilon_3 = -\varepsilon_4 = \varepsilon_0 \qquad (6-14)$$

1.1/4 桥接法

将应变片 R_1 与温度补偿片接成半桥,另外半桥为静态电阻应变仪内部固定桥臂电阻,则由式(6-13)可知应变仪的读数应变应为 $\varepsilon_{读} = \varepsilon_0$。

2.半桥接法

将应变片 R_1 与应变片 R_2 接成半桥(或将应变片 R_3 与应变片 R_4 接成半桥),另外半桥为静态电阻应变仪内部固定桥臂电阻,则在温度效应被补偿的同时,应变仪的读数应变应为 $\varepsilon_{读} = \varepsilon_1 - \varepsilon_2 = 2\varepsilon_0$。

3.全桥接法

将应变片 $R_1 \sim R_4$ 接成全桥形式,注意其中 R_1 和 R_3、R_2 和 R_4 分别接在相邻桥臂,则由式(2),应变仪的读数应变为 $\varepsilon_{读} = \varepsilon_1 - \varepsilon_2 + \varepsilon_3 - \varepsilon_4 = 4\varepsilon_0$。

四、实验步骤

按照图 6-5(a)、图 6-5(b)和图 6-5(c)所示接法分别进行 1/4 桥、半桥和全桥桥路连接(注意应变片与仪器的连接应当牢固,以免读数漂移从而影响最终的计算结果),在载荷完全释放的条件下将应变仪分别预调平衡。给梁施加三种不同大小的载荷,待载荷稳定后分别读取三种电桥接法的应变仪读数应变 $\varepsilon_{读}$,并记录在下表中,比较各读数应变之间的倍数关系。本实验中,$\mu = 0.3$。

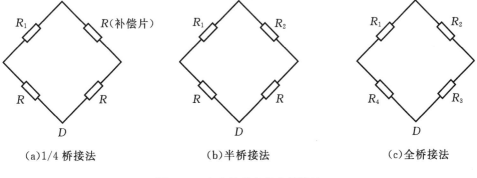

(a)1/4 桥接法   (b)半桥接法   (c)全桥接法

图 6-5 应变片的各种电桥接法

表一　各种接桥方法测量结果（$K_0 = 2.0$）

载荷/N	1/4 桥接法	半桥接法	全桥接法	读数应变比	读数应变比
	$\varepsilon_{读a}$	$\varepsilon_{读b}$	$\varepsilon_{读c}$	（$\varepsilon_{读b}/\varepsilon_{读a}$）	（$\varepsilon_{读c}/\varepsilon_{读a}$）
$P_1 =$					
$P_2 =$					
$P_3 =$					

五、实验报告要求

整理实验数据，讨论实验结果，分析误差产生的原因，并比较各种电桥接法的优缺点。

实验五　动态应变的测量

一、实验目的

(1)熟悉动态电阻应变仪的使用方法。
(2)掌握动态应变的测量方法。

二、实验仪器和设备

(1)悬臂振动梁装置(在梁根部上下表面沿轴向各粘贴一枚应变片)。
(2)动态应变仪,电桥盒。
(3)信号源发生器,电磁激振器,功率放大器。
(4)动态应变计算机采集系统。

三、实验原理与方法

结构在承受动载作用或强迫振动时,结构上各点的应变随时间改变而变化,这种应变称之为动态应变。在电阻应变测量中,动态应变测量与静态应变测量不同。动态应变不但要测量应变幅值,还要测量应变随时间的变化规律,或者测量其变化频率,因此必须通过专门的采集和记录仪器进行实时采集和存储,然后再对其进行信号分析和处理,获得相关数据。为了满足测量要求,动态应变的测量系统通常较为复杂。

本实验中采用电磁激振器给悬臂振动梁在垂直方向上施加动态载荷。由信号源发生器产生的正弦扫频信号,经功率放大器放大后推动电磁激振器工作。如欲测量梁某截面在振动过程中的应变,可根据需要在该截面处的梁表面沿轴线粘贴应变片。当电磁激振器的激振频率接近梁的固有频率时,梁将产生共振,此时结构产生较大的振幅和动应变。为了提高测量灵敏度,在梁根部的上下表面沿纵向各粘贴一枚应变片(R_1 和 R_2,如图 6-6 所示),并按半桥接桥(温度互补偿),其测量灵敏度是单片测量的 2 倍,即测点处的实际动应变为仪器读数的一半。将应变片通过专用电桥盒接入到动态电阻应变仪,并将动态电阻应变仪连接到动态应变计算机采集系统,即可进行测量。在开始测量前,应首先对整个测量系统进行标定,它由动态电阻应变仪产生一个标准应变 ε_0,通过动态应变计算机采集系统得到的标准应变采集结果,确定对应的应变比例尺(应变采集灵敏度 $\dfrac{V}{\mu\varepsilon}$,从而可以计算记录的动态应变实际值。

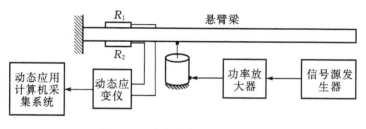

图 6-6　动态应变测量实验装置

四、实验步骤

(1)将电阻应变片 R_1 和 R_2(分别贴于悬臂梁的上下表面)按半桥接法接入动态应变仪的电桥盒(如图 6-7 所示)。

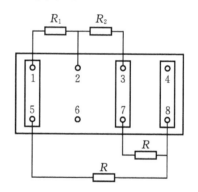

图 6-7　半桥电桥连接方式

(2)在动态应变仪充分预热后,调节桥路平衡(包括电阻平衡与电容平衡)。

(3)利用电磁激振器对悬臂梁进行一次正弦扫频试验,根据悬臂梁实测应变的幅值范围,选择合适的应变仪衰减开关,并可调节输入桥压大小以提高输出灵敏度(注意:改动桥压值后,须重新调节桥路平衡)。记录悬臂梁在产生较大动应变时的激振频率。

(4)将动态应变仪与动态应变计算机采集系统连接,利用动态电阻应变仪产生标准应变,根据计算机采集系统得到的标准应变采集结果对系统进行标定,确定系统应变采集灵敏度。

(5)给悬臂梁施加正弦扫频激励,利用动态应变计算机采集系统采集并存贮梁的动态应变响应时间历程。

五、实验报告要求

（1）简述动态应变测量的步骤。

（2）依据记录的悬臂梁动态应变响应时间历程数据，确定梁的应变峰值大小，并通过信号处理（快速傅里叶变换）确定梁产生最大应变时的振动频率。计算梁的固有振动基频并比较二者的差异，试分析频率差异产生的原因。（梁的几何与材料参数：宽度 $b=48$ mm，厚度 $h=10$ mm，长度 $L=500$ mm，$E=210$ GPa，$\rho=7\ 850$ kg/m³。）

实验六 薄壁圆筒受弯扭组合载荷下的内力测定

一、实验目的

(1)测定薄壁圆筒弯扭组合载荷下指定截面上的弯矩、扭矩和剪力,并与理论值进行比较。

(2)学习在复杂载荷下测量结构内力的方法,包括应变成分分析、应变片布置方法以及电桥接法。

二、实验仪器和设备

(1)静态电阻应变仪(YE2538A 型)。

(2)薄壁圆筒组合加载实验装置(如图 6 - 8 所示)。薄壁圆筒采用不锈钢 $1C_r18N_i9T_i$ 制成,圆筒外径 40 mm,内径 36.4 mm。薄壁圆筒左端固定,利用固定在圆筒右端的水平杆加载。

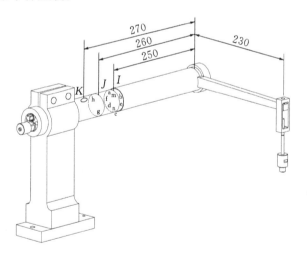

图 6 - 8　薄壁圆筒组合加载实验装置

三、实验原理与方法

在对结构进行内力测定时,首先通过理论分析确定截面存在的内力分量及相应的应变成分,应变片粘贴位置尽量选在产生最大应力的地方,应变片的粘贴方向则应遵循:欲测内力引起单向应力状态的点,沿应力方向粘贴;欲测内力引起平面应力状态的点,沿主应力方向粘贴。当截面存在多个内力分量时,通常需要在截面四周粘贴多枚应变片,并辅以适当的电桥接法,方能得到欲测的内力。

本实验中,给图6-8的薄壁圆筒施加弯扭组合载荷,需要测量 I 截面处的扭矩和剪力以及 J 截面处的弯矩。应变片在薄壁圆筒上的布置方案如图6-9所示。在截面 J 处粘贴有应变片 m 和 n,它们处于圆筒直径的两端且分别在圆筒最高点和最低点,均沿圆柱面母线方向粘贴;在截面 I 处粘贴有应变片 a、b、c、d、e 和 f,它们的位置与圆周线成45°或-45°角,其中 a、b 在圆筒最高点,c、d 在圆筒最低点,均采用两片90°应变花,而 e、f 在圆筒中心线位置且处于圆筒直径的两端。

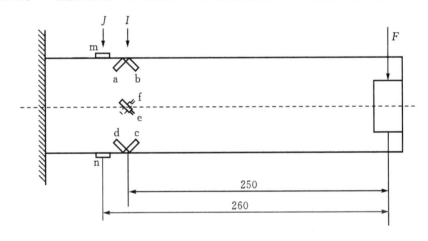

图6-9 薄壁圆筒应变片布置图

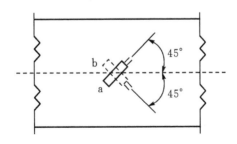

图6-10 应变片 a、b 粘贴位置俯视图

1.扭矩测量(I 截面)

I 截面上的扭矩理论值为

$$M_T = PL = 0.23P \tag{6-15}$$

式中:P 为加载力(N)(即静态应变仪中的力测量通道示值);

   L 为力臂(m),$L=0.23$ m。

   测量时,将 a 和 b 应变片或是 c 和 d 应变片接成半桥形式,如图 6-11 所示。

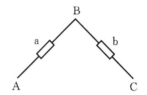

图 6-11　应变片 a、b 接成半桥

   由截面内力与应变成分分析可知,应变片 a 的应变可以表示为

$$\varepsilon_a = \varepsilon_{Ta} + \varepsilon_{Ma} \tag{6-16}$$

应变片 b 的应变可以表示为

$$\varepsilon_b = \varepsilon_{Tb} + \varepsilon_{Mb} \tag{6-17}$$

上两式中 ε_{Ta} 和 ε_{Tb} 为截面扭矩引起的应变分量,ε_{Ma} 和 ε_{Mb} 为弯矩引起的应变分量。ε_{Ta} 为压应变,ε_{Tb} 为拉应变,ε_{Ma} 和 ε_{Mb} 则均为拉应变,并且有

$$\varepsilon_{Tb} = -\varepsilon_{Ta} = \varepsilon_T, \quad \varepsilon_{Ma} = \varepsilon_{Mb} \tag{6-18}$$

其中 ε_T 表示扭转主应变绝对值。因此图 6-11 的电桥读数应变为

$$\varepsilon_读 = \varepsilon_b - \varepsilon_a = 2\varepsilon_T \tag{6-19}$$

   由材料力学理论可知

$$\varepsilon_T = \frac{1+\mu}{E}\sigma_T \tag{6-20}$$

其中 E 为薄臂圆筒材料的杨氏模量(Pa),μ 为薄臂圆筒材料的泊松比,σ_T 为截面扭矩引起的最大拉应力,其值等于截面扭矩引起的最大剪应力 τ_T,并且

$$\tau_T = \frac{M_T}{W_p} \tag{6-21}$$

式(6-21)中 W_p 为薄臂圆筒的抗扭截面模量

$$W_p = \frac{1}{16}D^3(1-\alpha^4) \tag{6-22}$$

式中:D 为薄臂圆筒外径尺寸(m);

   d 为薄臂圆筒内径尺寸(m);

   α 为薄臂圆筒内外径之比,$\alpha=d/D$。

   这样由式(6-19)～(6-22),I 截面上的扭矩测量值可用下式计算得到

$$M_{T测} = \frac{E}{1+\mu}\frac{\varepsilon_读}{2}\frac{D^3}{16}(1-\alpha^4) \tag{6-23}$$

2.弯矩测量(J 截面)

J 截面上的弯矩理论值为

$$M = PL_J = 0.26P \tag{6-24}$$

其中 L_J 为 J 截面与力 P 作用点间距离(m),$L_J = 0.26$ m。测量时可将 m 和 n 应变片接成半桥(如图 6-12 所示)。

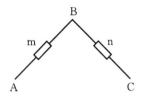

图 6-12 弯矩测量接桥图

应变片 m 和 n 只能感受弯矩引起的应变,由于它们距圆筒中性轴的距离相同,因此有

$$\varepsilon_m = \varepsilon_{Mm} = \varepsilon_M, \quad \varepsilon_n = \varepsilon_{Mn} = -\varepsilon_M \tag{6-25}$$

上式中 ε_M 为最大弯曲正应力引起的应变绝对值。图 6-12 的电桥读数应变为

$$\varepsilon_{读} = \varepsilon_m - \varepsilon_n = 2\varepsilon_M \tag{6-26}$$

由材料力学理论

$$\varepsilon_M = \frac{\sigma_{max}}{E} \tag{6-27}$$

$$\sigma_{max} = \frac{MD}{2I_z} \tag{6-28}$$

I_z 为圆筒截面相对中性轴的惯性矩。根据式(6-26)~(6-28),可以计算出截面受到的弯矩

$$M_{测} = \frac{\pi D^3 E}{32} \frac{\varepsilon_{读}}{2}(1 - \alpha^4) \tag{6-29}$$

3.剪力测量(I 截面)

I 截面上的剪力理论值为

$$Q = P \tag{6-30}$$

测量时可将应变片 e 和 f 接成半桥形式(如图 6-13 所示)。

由于应变片 e、f 均处在弯曲变形中性层上,因此只能感知扭矩与剪力产生的应变,可以表示为

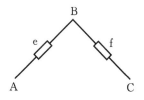

图 6-13 剪力测量接桥图

$$\varepsilon_e = \varepsilon_{Te} + \varepsilon_{Qe} \tag{6-31}$$

$$\varepsilon_f = \varepsilon_{Tf} + \varepsilon_{Qf} \tag{6-32}$$

其中 ε_{Te} 和 ε_{Tf} 为截面扭矩引起的应变分量，ε_{Qe} 和 ε_{Qf} 为剪力引起的应变分量，并且满足

$$\varepsilon_{Te} = \varepsilon_{Tf} = \varepsilon_T, \quad \varepsilon_{Qe} = -\varepsilon_{Qf} = \varepsilon_Q \tag{6-33}$$

式中 ε_T 和 ε_Q 分别表示扭转剪应力产生的主应变绝对值和最大弯曲剪应力产生的主应变绝对值。因此电桥的读数应变为

$$\varepsilon_{读} = \varepsilon_e - \varepsilon_f = 2\varepsilon_Q \tag{6-34}$$

由材料力学理论

$$\varepsilon_Q = \frac{1+\mu}{E}\tau_Q = \frac{8(1+\mu)}{\pi E(D^2 - d^2)}Q \tag{6-35}$$

其中 τ_Q 表示最大弯曲剪应力，于是 I 截面上的剪力测量值可用下式计算得到

$$Q_{测} = \frac{\pi E(D^2 - d^2)}{8(1+\mu)}\frac{\varepsilon_{读}}{2} \tag{6-36}$$

四、实验步骤

按照上述方案分别对三种内力进行测定。实验步骤如下：

(1)将弯扭组合实验装置安装到位(有销定位)并固定好，将加载用附件安装好。

(2)力传感器接线，将力传感器的红、蓝、白、绿四线依次接在 0 通道的 A、B、C 和 D 端。设置力传感器的校正系数，载荷限值设置为 400 N。

(3)根据实验方案，分别将有关应变片接入所选通道组桥，并对所选通道设置参数。在加载前对测力通道和所选测应变通道电桥进行平衡，然后施加载荷至 300 N，记录各通道的读数应变 $\varepsilon_{读}$，然后卸载。再重复测量，共测量三次。数据列表记录在下表中。

$D=40$ mm				$d=36.4$ mm				$L_J=260$ mm			$L=230$ mm		
$E=$ GPa				$\mu=$						$F=300$ N			
扭矩测量				弯矩测量					剪力测量				
$\varepsilon_读$ ($\mu\varepsilon$)				$\varepsilon_读$ ($\mu\varepsilon$)					$\varepsilon_读$ ($\mu\varepsilon$)				
平均 $\varepsilon_读$				平均 $\varepsilon_读$					平均 $\varepsilon_读$				
ε_T ($\mu\varepsilon$)				ε_M ($\mu\varepsilon$)					ε_Q ($\mu\varepsilon$)				
$M_{T理论}$				$M_{理论}$					$Q_{理论}$				
$M_{T测}$				$M_{测}$					$Q_{测}$				
相对误差				相对误差					相对误差				

五、实验报告要求

(1)将原始数据按下表进行处理,计算出平均读数应变,根据桥路特性分别求出 ε_T、ε_M 和 ε_Q(即单独内力分量所引起的应变),再由第三部分所述计算公式求得相应的内力,最后计算与理论内力值的相对误差。

(2)针对三种内力分量测量,分别设计一种与本实验不同的测量方案(可以增贴应变片),并与原方案进行比较。

实验七　偏心拉伸下的内力测定

一、实验目的

（1）学习偏心拉伸（拉、弯组合作用）下试件各内力产生的应变分量的测定方法。

（2）测定偏心拉伸试件的弹性模量 E。

（3）测定偏心拉伸试件的偏心距 e。

二、实验仪器和设备

（1）静态电阻应变仪（YE2538A 型）。

（2）偏心拉伸试件加载实验装置，偏心拉伸试件及应变片粘贴位置如图 6-14 所示。

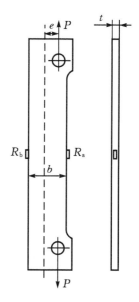

图 6-14　偏心拉伸试件及贴片图

三、实验原理和方法

当图 6-14 中的试件受到偏心拉伸作用时，由应变分析可知 R_a 和 R_b 的所受

应变均由拉伸和弯曲两种应变分量组成,即

$$\varepsilon_a = \varepsilon_{Fa} + \varepsilon_{Ma} \tag{6-37}$$

$$\varepsilon_b = \varepsilon_{Fb} + \varepsilon_{Mb} \tag{6-38}$$

由于应变片 R_a 和 R_b 距离试件中性轴距离相同,因此有

$$\varepsilon_{Fa} = \varepsilon_{Fb} = \varepsilon_F, \quad \varepsilon_{Ma} = -\varepsilon_{Mb} = \varepsilon_M \tag{6-39}$$

上式中 ε_F 和 ε_M 分别为拉伸和弯曲应变分量的绝对值。

根据前述的应变电桥加减特性,如若测量拉伸应变,可采用图 6-15(a)的接桥方法,则由(6-37)~(6-39)式可得

$$\varepsilon_{读} = \varepsilon_a + \varepsilon_b = 2\varepsilon_F \tag{6-40}$$

若测量弯曲应变,则可采用图 6-15(b)的接桥方法,同理可得

$$\varepsilon_{读} = \varepsilon_a - \varepsilon_b = 2\varepsilon_M \tag{6-41}$$

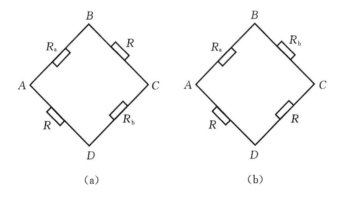

图 6-15 接桥方法

由式(6-40)、(6-41)可见,应变仪读数应变值均为待测应变值的 2 倍,并且温度效应也得到补偿。

在利用上述方案测得了拉伸应变 ε_F 后,就可进一步测定试件材料的弹性模量 E。采用图 6-15(a)的接桥方法,对试件进行等增量分级加载,分级载荷大小可表示为 $F_i = F_0 + i\Delta F (i=1,2,\cdots,5)$,其中 ΔF 表示载荷增量,注意实验中最大载荷 F_5 不应使试件材料超出弹性范围。在初载荷 F_0 时对测量通道调节平衡,记录每级加载时的应变仪读数应变 $\varepsilon_{读i}$,利用最小二乘法对测量得到的五组载荷的应变数据进行数据拟合,可计算出试件材料的弹性模量 E 为

$$E = \frac{2\Delta F}{bt} \frac{\sum\limits_{i=1}^{5} i^2}{\sum\limits_{i=1}^{5} i\varepsilon_{读i}} \tag{6-42}$$

上式中 b、t 分别为试件的宽度与厚度(如图 6-14 所示)。

采用图 6-15(b)的接桥方法测得弯曲应变后,可进一步来测定载荷偏心距 e。具体方法是在初载荷 F_0 下首先对测量通道调节平衡,增加载荷 $\Delta F'$ 后,记录相应的应变仪读数应变。由虎克定律,试件的最大弯曲应力为

$$\sigma_M = E\varepsilon_M \tag{6-43}$$

并有

$$\sigma_M = \frac{M}{W_z} = \frac{\Delta F' e}{W_z} \tag{6-44}$$

式中 W_z 为试件的抗弯截面模量,由式(6-41)、(6-44)和式(6-45)可得

$$e = \frac{EW_z \varepsilon_读}{2\Delta F'} \tag{6-45}$$

四、实验步骤

(1)在拉伸夹具上安装好试件。

(2)接好力传感器,将力传感器的红、蓝、白、绿四线依次接在 0 通道的 A、B、C 和 D 端。设置力传感器的校正系数,载荷限值设置为 1 600 N。

(3)测量试件材料弹性模量 E。按图 6-16(a)将有关应变片接入所选通道,设置通道参数,未加载时平衡测力通道和所选通道应变电桥。测量中,载荷增量取为 $\Delta F = 300$ N,共分五级加载,记录每级载荷下的读数应变 $\varepsilon_{读i}$,然后卸载。重复上述测量步骤,共测三次,并将数据列表记录。

(4)测定偏心距 e。按图 6-15(b)将有关应变片接入所选通道,设置通道参数,未加载时平衡测力通道和所选通道应变电桥。加载荷至 1 500 N($\Delta F' = 1500$ N),记录读数应变 $\varepsilon_读$,然后卸载。重复上述测量步骤,共测三次,并将数据列表记录。

(5)卸载。将试验台和仪器恢复原状。

五、实验报告要求

1.计算试件材料弹性模量 E

将三组测量数据分别记录在表一中,基于这些数据可按公式(6)计算出试件材料的弹性模量 E,并取三次计算结果的算数平均值 $\bar{E}$ 作为最终测定结果,具体计算步骤可参考表二进行。

表一

i	$i\Delta F/\text{N}$	第一组		第二组		第三组	
		$\varepsilon_{读i}(\mu\varepsilon)$	$i\varepsilon_{读i}$	$\varepsilon_{读i}(\mu\varepsilon)$	$i\varepsilon_{读i}$	$\varepsilon_{读i}(\mu\varepsilon)$	$i\varepsilon_{读i}$
1	300						
2	600						
3	900						
4	1 200						
5	1 500						

表二

$b=24$ mm		$t=5$ mm	$\Delta F=300$ N
	第一组	第二组	第三组
$\sum\limits_{i=1}^{5} i^2$			
$\sum\limits_{i=1}^{5} i\varepsilon_{读i}$			
E			
$\overline{E}$			

2.计算偏心距 e

将三次测试结果记录在表三中,计算三次读数应变的算数平均值 $\bar{\varepsilon}_{读}$,利用第1部分测得的试件材料弹性模量 $\overline{E}$,并按公式(6-45)计算偏心距 e。

表三

$b=24$ mm, $t=5$ mm, $W_z=$ mm³, $\Delta F'=1\,500$ N, $\overline{E}=$ MPa			
	1	2	3
$\varepsilon_{读}(\mu\varepsilon)$			
$\bar{\varepsilon}_{读}$			
e			

实验八 薄壁圆筒受弯扭组合载荷下的主应力测定

一、实验目的

(1)测定薄壁圆筒在弯扭组合变形时指定点的主应力和主方向,并与理论计算值比较。

(2)学习采用应变花测定构件某点主应力和主方向的方法。

二、实验仪器和设备

(1)静态电阻应变仪(YE2538A 型)。

(2)薄壁圆筒组合加载实验装置(如图 6-8 所示)。薄壁圆筒采用不锈钢 $1C_r18N_i9T_i$ 制成,圆筒外径 40 mm,内径 36.4 mm。薄壁圆筒左端固定,利用固定在圆筒右端的水平杆加载。

三、实验原理与方法

由平面应变分析理论可知,若结构某点的主应力方向已知,只需知道两个主方向上的主应变,就可计算出主应力。而当结构某点的主应力方向未知时,则需知道任意三个方向的线应变,才能计算出该点的主应变和主方向,从而计算出主应力。因此在测量某点的主应力和主方向时,可以根据主方向是否已知,从而在测点布置两枚或三枚应变片来测量该点的主应力和主方向。通常将两个或三个敏感栅粘贴在同一基底上的应变片称之为应变花。常用的三敏感栅式应变花有两种:①三敏感栅轴线互成 120°角,称等角应变花或三轴 60°应变花;②两敏感栅轴线互相垂直,另一敏感栅轴线在它们的分角线上,称为直角应变花。

本实验欲测量薄壁圆筒在截面 K 处表面上的主应力和主方向(如图 6-16 所示)。由于测点处的变形为弯扭组合变形,不能直接判断出该测点的主应力方向,因此实验中采用了三轴 60°应变花 g,其三个敏感栅与圆筒母线的夹角分别是 0°、60°和 120°,图 6-17 为应变花的俯视图。

由应变分析和应力分析理论知,测得 $\varepsilon_{0°}$,$\varepsilon_{60°}$ 和 $\varepsilon_{120°}$ 后,可按下列公式计算主应力和主方向:

$$\sigma_{1,2} = \frac{E(\varepsilon_{0°} + \varepsilon_{60°} + \varepsilon_{120°})}{3(1-\mu)} \pm \frac{\sqrt{2}E}{3(1-\mu)}\sqrt{(\varepsilon_{0°}-\varepsilon_{60°})^2 + (\varepsilon_{60°}-\varepsilon_{120°})^2 + (\varepsilon_{120°}-\varepsilon_{0°})^2}$$

$$(6-46)$$

$$\tan 2\alpha_0 = \frac{\sqrt{3}(\varepsilon_{60°} - \varepsilon_{120°})}{2\varepsilon_{0°} - \varepsilon_{60°} - \varepsilon_{120°}} \qquad (6-47)$$

同时,测点处的主应力和主方向理论值也可由下式计算出

$$\bar{\sigma}_{1,2} = \frac{\sigma_x + \sigma_y}{2} \pm \sqrt{\left(\frac{\sigma_x - \sigma_y}{2}\right)^2 + \tau_{xy}^2} \qquad (6-48)$$

$$\tan 2\bar{\alpha}_0 = \frac{2\tau_{xy}}{\sigma_x - \sigma_y} \qquad (6-49)$$

上式中 σ_x 表示最大弯曲正应力,τ_{xy} 表示最大扭转剪应力。

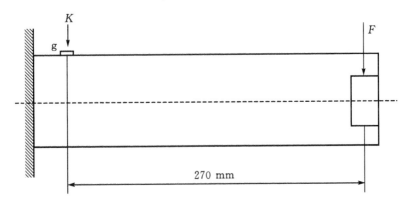

图 6-16　应变花粘贴位置示意图

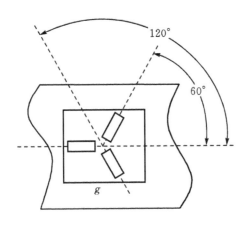

图 6-17　三轴 60°应变花俯视图

四、实验步骤

(1)将弯扭组合实验装置安装到位(有销定位)并固定,将加载用附件安装好。

（2）力传感器接线，将力传感器的红、蓝、白、绿四线依次接在 0 通道的 A、B、C 和 D 端。设置力传感器的校正系数，载荷限值设置为 400 N。

（3）将应变花的三个敏感栅分别接入所选通道，按多点 1/4 桥公共补偿法接线，并设置各通道参数。未加载荷时平衡各通道（包括 0 通道），载荷增加至 300 N 时，记录各通道的应变读数，然后卸载，再重复测量三次。数据列表记录在下表中。

五、实验报告要求

将三次实验数据记录在下表中并计算平均值，然后根据式（6-46）和（6-47）计算出主应力和主方向的实验值，再由式（3）和（4）计算出测点的主应力和主方向理论值，并且以理论值为准，计算实验值的相对误差。分析与讨论误差产生的原因。

$D=40$ mm		$d=36.4$ mm		$L_K=270$ mm		$L=230$ mm	
$E=$　　GPa		$\mu=$		$F=300$ N			
测量项目	第一次		第二次		第三次		平均
$\varepsilon_{0°}(\mu\varepsilon)$							
$\varepsilon_{60°}(\mu\varepsilon)$							
$\varepsilon_{120°}(\mu\varepsilon)$							

参考文献

［1］胡时岳,朱继梅.机械振动与冲击测试技术[M].北京:科学出版社,1982.

［2］李方泽,刘馥清,王正.工程振动测试与分析[M].北京:高等教育出版社,1992.

［3］李德葆,陆秋海.工程振动试验分析[M].北京:清华大学出版社,2004.

［4］曹树谦,张文德,萧龙翔.振动结构模态分析[M].天津:天津大学出版社,2001.

［5］高飞.振动信号测量与分析[M].西安:西北工业大学出版社,1989.

［6］吴三灵.实用振动试验技术[M].北京:兵器工业出版社,1991.

［7］袁希光.传感器技术手册[M].北京:国防工业出版社,1986.

［8］倪振华.振动力学[M].西安:西安交通大学出版社,1989.

［9］江苏东华测试技术股份有限公司.振动教学设备技术资料.

［10］丹麦 B&K 公司.传感器技术资料.

［11］张如一,陆耀桢.实验应力分析[M].北京:机械工业出版社,1986.

［12］赵清澄,石沅.实验应力分析[M].北京:科学出版社,1987.

［13］伍小平.实验力学中现代光学方法的发展与应用前景[J].机械强度,1995,6,17
　　　(2):20－25.

［14］桂立丰,曹用涛.机械工程材料测试手册:力学卷.机械工业部科技与质量监督
　　　司,中国机械工程学会理化检验分会.沈阳:辽宁科学技术出版社,2001.

［15］曹震.光测实验应力分析的发展与近况.重庆:重庆大学力学教研室光弹性科
　　　研组.

［16］TST－100 微型数码光弹仪使用说明书.苏州:卓力特光电仪器(苏州有限公司).

［17］张存恕,李德宽.用激光散斑法测金属的杨氏模量.物理实验,1983,6,3(3):
　　　97－98.

［18］杨晓昕.利用数字图像相关方法测试聚碳酸酯弹性常数[J].数字技术与应用,
　　　2011,2:34－35.

［19］张如一,沈观林,李朝弟.应变电测与传感器[M].北京:清华大学出版社,1999.

［20］张如一,沈观林,潘真微.实验应力分析实验指导[M].北京:清华大学出版
　　　社,1981.

［21］YE6253 材料力学实验系统说明书.南京:江苏联能电子技术有限公司,2008.